臺南 享食 慢旅

進食的巨鼠 文・攝影

目錄

006 推薦序

Part 1 中西區 藝文美食小旅行

012 廟口美食 老鄭菜粽
014 臺式早餐 無名大勇街鹹粥
016 府城傳奇老店 淼記
020 宵夜場水果冰 裕成水果店
022 家傳秘方溫火嚴滷 松村煙燻滷味專賣
025 在地家鄉味 進福大灣花生糖
028 日式古早味 民族鍋燒老店
032 咖啡拉花冠軍 艾咖啡 Alfee Coffee
036 臺灣四大名園 吳園藝文中心
039 日式生活食器 餐桌上的鹿早
044 老師傅的技藝傳承 全美戲院

047 新美街巷藝遊趣

049 懷舊街區新樣貌 米街
051 生活美學輕食主義 小草堂
056 探索巷弄之美 米街樂
058 古城老街新活力 抽籤巷
063 千帆聚集泊船港 帆寮街

065 民權路美食商圈
066 60年老字號冰店 太陽牌冰品
068 代代相傳的人情味 再發號肉粽
070 飄香40年好味道 阿銘牛肉麵
073 早鳥限定懷舊甜品 宮後街無名愛玉冰
076 臺南人的廚房 水仙宮市場
080 兒時的甜蜜回憶 進興糖果行
083 隱身巷弄的美味 亞義號無名早餐店
086 中正銀座商圈
087 西市場的老字號 鄭記土魠魚焿
090 幸福滋味專賣店 亞米甜甜圈
093 古早味零嘴 美勝珍蜜餞 人氣伴手禮
096 季節限定彩色地瓜 鴨米鴨米脆皮薯條專賣店
099 懷舊小吃 國華街老攤
103 自製在地果醬 佛都愛玉
107 泡沫紅茶創始店 雙全紅茶
109 對茶葉的堅持 茶經 異國紅茶
112 假日手創市集 淺草青春新天地
114 摔不壞的燈 愛迪生工業

119 保安路商圈
120 傳承三代的甜蜜滋味 八寶彬圓仔惠
122 府城傳統飯桌仔 阿娟咖哩飯
124 均一價黑白切 阿龍香腸熟肉
126 收服臺南人的愛呷魂 阿鳳浮水虱目魚焿
128 府城傳統甜品 阿卿傳統飲品冰品
131 在地人氣美食 阿川紅燒土魠魚焿
133 半熟鴨蛋的美味境界 集品蝦仁飯

Part 2 東區 美食小旅行
138 銅板價手工甜品 黑工號嫩仙草
140 元氣飽滿的人生勝利組 勝利早點
142 萌貓與你有約 貓吐司堡專賣店
146 小店大人氣 冰ㄉ・かき氷
148 復古日系洋菓子 Kadoya 喫茶店
151 自助點餐樂趣多 天滿橋洋食專賣店
155 低調的火紅甜點 狸小路手作烘焙 ※人氣伴手禮
158 在鐵道邊大啖小酌 府城騷烤家

Part 3 北區 美食小旅行
164 每日限量現做 生哥豆漿店
167 古法夯烤超人氣 福州香胡椒餅
175 超可愛拉花飲品 性格せいかく
178 成大師生的最愛 老友小吃店

169 百年煎餅老店 連德堂餅家 ✻人氣伴手禮
173 一出爐就秒殺 葡吉麵包店 ✻人氣伴手禮
180 沁涼消暑古早味 石家 阿美綠豆湯

Part 4 南區 美食小旅行

184 溫暖手作古早味 大成路177巷早餐店
186 老臺南人的美好回憶 阿地牛排館
189 一吃就上癮 美都麵食
191 臺式午茶點心 張家烙餅
193 在地人的口袋店家 施家小卷米粉

Part 5 府城特色旅宿

198 中西區和風洋宅 一緒二咖啡
205 中西區百年老屋 窩。好宅
210 東區日式町屋 小京都—聿晴町
218 北區老旅店新生命 FUNDI
221 北區設計夢想家 4 Design Inn
229 北區繽紛童趣 Rainbow Island B&B
234 北區物超所值 DiDi House
238 獨家優惠券

推薦序

臺南擁有豐富的文化及美食，每個人心裡都有專屬的臺南旅遊與美食地圖。土生土長的臺南女兒瑋婷，結合在地生活經驗，描繪出最詳盡的臺南行旅地圖，要帶領大家品味最道地的私房美味。

旅行臺南，除了一顆期待的心，另外需要的就是這本《臺南 享食 慢旅》！

行政院院長 賴清德

臺南府城是文化古都，城市的特色就是古蹟和美食，華爾街日報甚至以「世界的美食博物館」讚揚臺南小吃，這樣的形容並非溢美或恭維，確實「吃在臺南」是聞名遐邇，甚至連國外旅客都知曉：沒有去過臺南，就不算到過臺灣。

臺南的特色很多，相關的旅遊指南更是普遍，但能夠讓遊客得以按文索驥、又不至掛一漏萬的書籍刊物並不多，《臺南 享食 慢旅》這本書相當適合來臺南自助旅行的背包客參考，書中有最新的美食、旅宿、商圈等資訊，瑋婷以活潑具時尚的筆觸呈現臺南的魅力，別說外地人看過這本書必定動心想來臺南一遊，連在地人看了也能再發掘府城的生活之美。

臺南將屆滿建城300年，舊城區有許多故事，近年來歷史街區的營造和散步路線的串聯是文化觀光的重點，我非常推薦有興趣一窺臺南特色的朋友來看這本書，漫步在臺南將會更有滋味。

臺南市議員 邱莉莉

「三代富貴，方知飲食」，這句話更純粹的意涵在於：只有富足的文化傳承，才能孕育出美好的飲食風貌。而臺南正是如此！豐富的古都底蘊，讓臺南的美食更加地去蕪存菁，甚至在深厚的文化基礎上揉合更多元素，呈現出嶄新與傳統並陳的多元風貌。巨鼠小姐以臺南在地人的視角，在古都文化的滋養中進行著日常的享食慢旅，因此，她不拘泥於知名小吃，而是呈現出更多元的臺南美食文化，她筆下的臺南，並非只是靜止於過去的臺南，而是在時間軸上自在跳躍的臺南，有著傳統老店，也有嶄新創意的美食。相信巨鼠小姐在《臺南　享食　慢旅》這本書裡的娓娓述說，將會為您帶來截然不同的臺南風貌。

臺灣角川・窩客島營運經理　林志豪

透過在地臺南人的角度來書寫這本書，無疑是巨鼠小姐對家鄉的一個記錄，但同時也是想給予讀者們的一種溫度，透過《臺南　享食　慢旅》這本書，你會發現原來臺南更不一樣了，新與舊的交替呈現出的新臺南，值得細細研磨、慢慢品味，就讓巨鼠小姐帶著大家一起住好宿、吃好味吧！

人氣部落客　熱血玩臺南

跟著巨鼠小姐的文字，堆砌起臺南小吃的記憶。

人氣部落客　花露露

字裡行間可以感受到巨鼠小姐對於故鄉臺南的熱愛，以淺顯易懂的字句，將臺南的人文風情表現無遺，《臺南　享食　慢旅》將是您遊玩臺南的最佳索引。

臺南美食地圖創辦人　吳沅鑫〈Jack〉

我喜歡葉老說的「臺南是一個適合人們做夢、幹活、戀愛、結婚、悠然過活的地方」，我都會開玩笑地說：「想認識臺南，就交個臺南的男（女）朋友」，或者把臺南當成迷宮去探索，古蹟、文化、美食、陽光、親切感，都是讓人放假想來臺南的原因。

接到巨鼠小姐的序文邀請，二話不說就答應了！曾經我覺得臺南是一個很無聊的地方，上班、下課都是相同的幾條路，然而朋友的一句話讓我旅行臺南，就這樣玩出興趣。旅行可以漫無目的隨意走逛，也可以順著旅遊書的步伐，我想你會發現：來臺南一次之後就不想走了，超想在這裡定居。

這本書＋快樂的心，就是來臺南最好的工具，因為來臺南不需要做太多的功課，在《臺南 享食 慢旅》書中找幾個想去的地點和美食，其餘就是期待不期而遇的美好。

美食、旅遊、生活、攝影。南人幫—Life in Tainan

美食的悸動時刻在於舌尖觸碰與自身合而為一時，身體的每一細胞因喜悅及感動而活躍起來，巨鼠小姐就是一步一腳印的探索出府城好味道，此書將激發你身體尚未開化的美食細胞因子，準備好進行美食細胞蛻變重生了嗎？

每一個人都有其背後的故事，好味道也是如此，一字一句感動呈現於《臺南 享食 慢旅》，書中有許多樂棧哥最愛的美食回憶，以及傳統古早味，透過點滴堆砌的圖文，不管是誰來閱讀，都可以更清楚明白在地美味。期待讀者透過閱讀，找尋到屬於自己的藏寶圖，展開美味探險之旅。

臺南玩樂棧　樂棧哥

全臺首學

Part 1

中西區 藝文美食小旅行

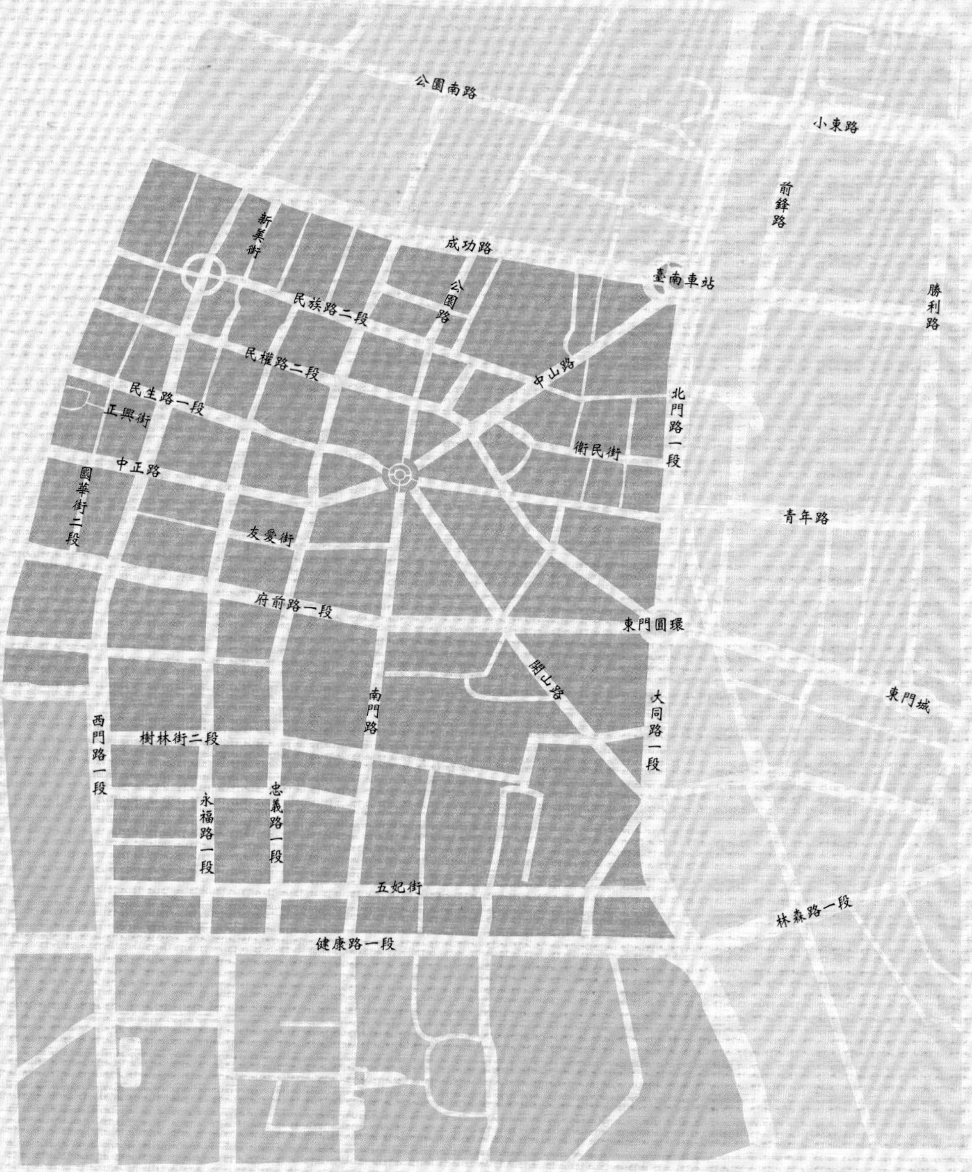
公園南路
小東路
前鋒路
新美街
成功路
臺南車站
勝利路
公園路
民族路二段
民權路二段
中山路
民生路一段
正興街
北門路一段
衛民街
中正路
國華街二段
青年路
友愛街
府前路一段
東門圓環
南門路
開山路
大同路一段
東門城
西門路一段
樹林街二段
永福路一段
忠義路一段
五妃街
林森路一段
健康路一段

廟口美食

老鄭菜粽

太晚起床就吃不到西門路巷內的廟口美食，老鄭菜粽是臺南沙淘宮前的60多年老店，因擺攤在宮廟前的空地，所以也被稱為沙淘宮菜粽。店家從民國38年就開始在沙淘宮前的70多歲大榕樹下擺攤，現已傳承到了第三代，從多年前投1元硬幣就能自己拿杯子喝熱茶，到現在則是免費提供麥茶，餐點除菜粽外，也增加了素味噌湯。

老店就算只有一個品項，好味道做出口碑，也能賣得嚇嚇叫！老鄭菜粽就是這樣的存在。一顆不算大的菜粽，單純的使用月桃葉包裹著糯米，粽子的內餡也很單純，只有花生，剝開時有淡雅的月桃葉香氣。上桌時沒有一般常見的花生粉，只加上一小撮香菜和醬油膏，糯米煮得軟Q，吸附了月桃葉的香氣，而點綴的花生不多也不少，讓你每一口都能吃到那鬆軟又飽滿的花生顆粒和味道。

粽子旁的醬油膏，甜而不膩的甘醇滋味，有畫龍點睛之妙！銅板價的味噌湯也是簡單而樸實的美味，滋味鹹中帶甜，些許的豆腐丁和吸飽湯汁的油條塊，是寒冷天氣裡的小確幸。

老鄭菜粽雖然不是最美味，粽子也不是最大顆，但是對很多老顧客來說，品嚐的是那股懷舊的味道和兒時的回憶！而且無論是菜粽或味噌湯，素食者都可享用，店家就以這淡雅的月桃香，一路地伴隨著臺南人成長，走過了一甲子。

Info

老鄭菜粽

- 臺南市中西區西門路二段 116 巷
- （06）258-3211
- 5:30 ～ 9:00
- 搭乘紅幹線、1、7、19、紅 2 路線公車於忠義路口站下車，步行 1 分鐘（約 100 公尺）

銅板價的美味素味噌湯

店家只賣菜粽和素味噌湯，是早齋者喜愛的清爽早餐

擺攤於巷弄內，早上五點半開賣，通常九點前就賣完

免費提供熱麥茶，很多人一吃就是一輩子

菜粽的味道單純簡樸

臺式早餐

無名大勇街鹹粥

在地老臺南人都偏愛中式早餐，如鹹粥、牛肉湯、燒餅油條等都是心頭好，因為早期的人們都是從事勞力活居多，所以認為早餐一定要吃飽，且要吃得像國王！今天就來介紹巨鼠小姐口袋名單裡的早晨限定版美食：無名大勇街鹹粥。由於店家位於小街巷內，位置並不顯眼，所以上門光顧的都是臺南老饕，快速地找位置坐下、然後點餐，吃完就結帳離開，是大家一貫的早餐節奏。

這裡主要是賣鹹粥，也有肉燥飯、魚酥飯、魚肚、魚湯、肉粽、菜粽等，重點是銅板價的大分量，百元不到就讓你味蕾和胃袋都滿足。招牌鹹粥裡有著細白的虱目魚肉和滑嫩的蚵仔，虱目魚肉處理得很好，完全不帶魚刺，蚵仔都很新鮮甜美，大小則是依季節而定。鹹粥的湯頭使用虱目魚骨去熬煮，屬於較為清淡且爽口的滋味。如果你想要吃得澎湃點，可在鹹粥裡加油條，吸附了魚湯的油條較不油膩，嚐起來別有一番滋味！店家的肉燥飯淋上看起來肥滋滋的肉燥，沒想到吃起來口感軟嫩而不油膩。

鹹粥搭配肉燥飯就是便宜又飽足的一餐

Info

無名大勇街鹹粥

- 臺南市中西區大勇街 85 號
- （06）226-7028
- 5:30 ~ 13:30（售完為止）
- 搭乘 6、14 號公車於康樂街口站下車，步行 3 分鐘（約 230 公尺）

肉燥飯

實在的配料

店家環境

鹹粥加入油條讓整體口味更豐富

清爽的湯頭、肥美的蚵仔、鮮嫩的虱目魚肉，屬於道地的臺南味

03 中西區

府城傳奇老店

祿記

臺南開山路有兩家百年包子老店，一家是萬川號，另一家則是祿記（別名包仔祿），創立於清朝光緒12年（1886年）的祿記又被稱為光緒包子，兩家老店傳承至今皆有百餘年的悠久歷史，見證了府城的興衰起落。

漫步在開山路的老巷弄裡，其中可是有不少珍貴的歷史文化遺蹟與文創彩繪空間，例如有兩百多年歷史的清水寺，寺內的匾額多為清朝皇帝御筆親題，其他像是土墘厝連體老屋、貓咪高地和銀同社區彩繪巷弄，都是值得走逛、拍照留念的景點。

銀同社區彩繪巷弄

Info

祿記

臺南市中西區開山路 3 巷 27 號

（06）225-9181

7:30 ～ 18:30（售完為止）

搭乘 6、紅 3 路線公車於開山路站下車，步行 2 分鐘（約 180 公尺）

貓咪高地有著大片彩繪牆面和貓咪裝置藝術

祿記的外觀與一般民宅無異，走進店內可看見不少員工各自忙著手頭上的工作，店家目前已傳承到第四代，仍然維持以人工手作的懷舊味道，故每日限量供應。祿記主打肉包，另有饅頭和水晶餃，每種品項都有固定的出爐時間，強烈建議至少提前一天預約，以免撲空。

祿記堅持手工製作，淺米白色的麵皮使用自然發酵的老麵揉製，咀嚼起來有著老麵的勁道和淡淡香甜，內餡濃郁多汁，豬肉鹹甜誘人，還有顆鴨蛋黃呢！

另一項超級美味的招牌商品水晶餃，晶瑩剔透的外皮口感非常Q彈，裡頭包著滿滿的筍肉丁，爽脆筍丁拌著軟嫩豬肉丁，滋味濃郁，先滷過再拌炒的內餡使整體味道鹹香，嚐起來卻清爽不油膩，讓人越吃越涮嘴。

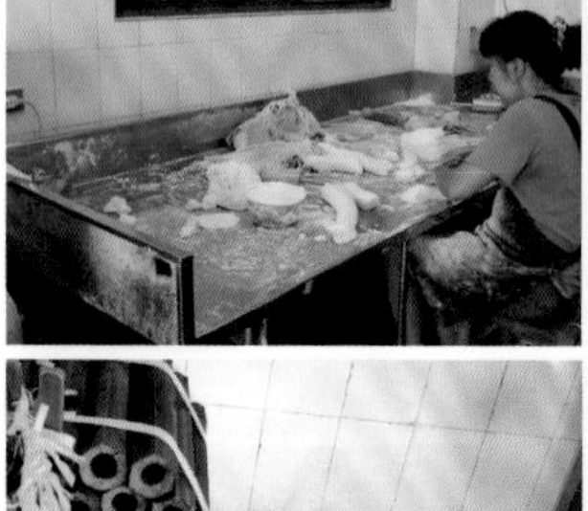

店家外觀樸實，現場可見製作過程，使用傳統的原子炭搭配現代化的爐子加熱，便利且快速

店家的三大招牌：肉包、饅頭、水晶餃

老麵製作的饅頭愈嚼愈香

料多味美的肉包是超人氣限量商品

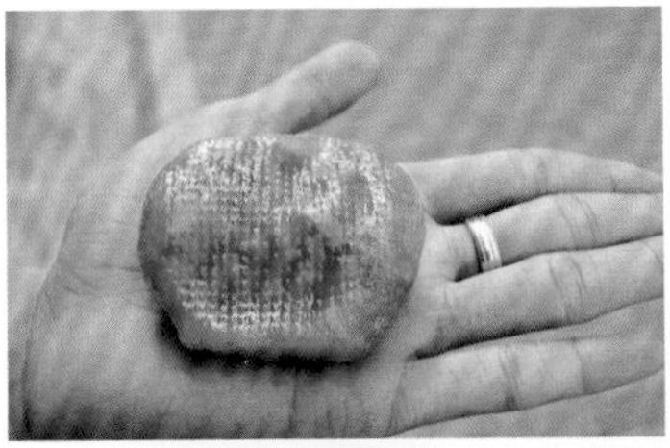

外皮透明的水晶餃Q彈涮嘴

宵夜場水果冰

裕成水果店

臺南有很多水果店在宵夜時段營業，因為比起白天，更多人喜歡在夜晚時分挑間水果店，點一份水果切盤、喝一杯現打果汁。裕成水果店是位於中西區民生路的眾多水果店之一，老闆對挑選的水果品質有一定的堅持，而且店家還賣起了各式水果冰。

人氣商品：水果冰、水果切盤、現打果汁

裕成的水果和果汁老實說不算便宜，但是送入口中的每樣水果都很甜，店家除了水果切盤和現打果汁，還有最受年輕人喜愛的水果冰，綜合水果冰有著各式水果，限定季節則有夏天的芒果牛奶冰和冬天的草莓牛奶冰，滿滿的芒果飽水又香甜，花式擺盤的草莓淋上煉乳和新鮮草莓醬，滋味酸甜爽口。

店內亦販售高級水果禮盒，是商務送禮的人氣首選。來到臺南務必入境隨俗，在飯後來個水果切盤和現打果汁，豐盛的綜合水果冰也是不容錯過的熱賣冰品。店家高品質的水果遠近馳名，不乏外籍旅客上門光顧，偶爾還可在店內見到藝人呢！

Info

裕成水果店

- 臺南市中西區民生路一段 122 號
- （06）229-6196
- 12:00 ～ 2:00，週一店休
- 搭乘 10、11 號公車於中華電信站下車，步行 2 分鐘（約 190 公尺）；或 5、5 區間、7、14、18、藍 23、藍 24、綠 17 路線公車於西門民權路口站下車，步行 3 分鐘（約 250 公尺）

店家環境

芒果牛奶冰

草莓牛奶冰

番茄切盤搭配南部獨有的薑糖沾醬，別有一番風味

現打果汁的價格雖然偏高，但喝得出真材實料

家傳秘方溫火嚴滷

松村煙燻滷味專賣

松村煙燻滷味專賣在臺南非常有名，原本只是鴨母寮市場的小攤，由於味道深受大家的喜愛，分店遂一間間開立。店家堅持新鮮現滷現燻，每天凌晨兩點創始人劉松村先生一家準時上工，滷燻過程完全不添加防腐劑，所以每日限量供應，現場售完就需等隔天。

松村遵循古法，以家傳秘方溫火嚴滷，再經紅糖煙燻使其脫水入味，滷味的外表色澤均勻，品嚐起來微帶甘甜，越咀嚼越有味道，非常涮嘴，讓人欲罷不能。店內滷味品項多樣，有雞、鴨之分，翅、腿、心、腱通通有，另有招牌商品：米血、百頁豆腐、豆干、豆皮、香菇、杏鮑菇和滷蛋等。

強烈建議選購鴨翅，煙燻的香氣迷人，啃完後口齒留香；百頁豆腐煙燻後呈淡褐色，切開則是純白色，以為沒有滷透，實際上由外到內都有著淡雅的煙燻香氣，十分入味呢！

店家環境

Info

松村煙燻滷味專賣｜赤崁店

- 臺南市中西區民族路二段 319 號
- （06）229-6398
- 11:00 ～ 21:00（售完為止），週一店休
- 搭乘3、5、77、88、88區間、99、99區間路線公車於赤崁樓站下車，步行 1 分鐘（約 20 公尺）

老臺南人最愛的各式香甜滷味

店家環境

巨鼠小姐強力推薦：鴨翅、米血、百頁豆腐、滷蛋

鴨翅的煙燻香氣迷人，越吃越涮嘴，令人吮指回味

滷蛋的口感Q彈，
嚐起來帶有紅糖的
甘甜滋味

百頁豆腐帶著甜黏滷汁、口感軟綿

米血口感溼潤、略帶Q勁且煙燻味道濃郁

06 中西區

在地家鄉味

進福大灣花生糖

提到臺南的大灣名產，大家最先想到的就是花生糖。來到赤崁樓，除了探訪歷史悠久的普羅民遮城（Provintia，拉丁文，行省之意）遺蹟，一定不要忘了到對面的進福大灣花生糖，買盒美味的花生糖來嚐嚐！老店創立於1934年，迄今已有百年歷史，在地家鄉味讓進福大灣花生糖成為遠近馳名的伴手禮，吸引大批遊客前來購買，店家也大方的提供試吃，原味顆粒花生糖、黑芝麻糖、花生捲任你品嚐，喜歡再選購即可。

傳承至第四代的赤崁好味道，關鍵在於店家堅持每天純手工現做、現切、現賣，挑選新鮮花生，搭配低甜度的麥芽糖

店家外觀

Info

進福大灣花生糖

臺南市中西區民族路二段 327 號

（06）221-8338

9:00 ～ 22:00

搭乘3、5、77、88、88區間、99、99區間路線公車於赤崁樓站下車，步行 1 分鐘（約 20 公尺）

和上選砂糖，以慢火熬煮一小時以上，過程中必須不斷翻動，避免燒焦，如此製作出來的花生糖，擁有更細緻與綿密的口感，也比較不黏牙呢！

巨鼠小姐最愛花生捲，將帶有顆粒的花生糖重複碾壓，讓花生和麥芽糖緊密黏合，那細緻又帶點彈性的Q軟口感，吃起來真的很涮嘴，現點、現做、現切的花生捲，拿在手中還能感受到那微溫的熱度，一送入口中就能嚐到花生的天然香氣，那濃郁的香味總讓人驚豔，而且越咀嚼越香。

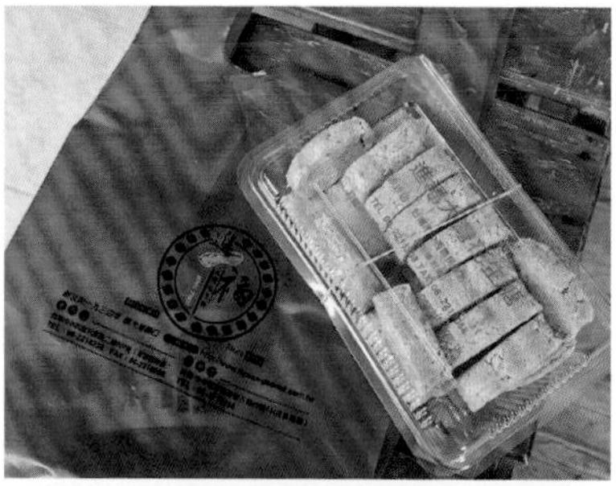

多種禮盒／零嘴包裝提供選購，也能選擇單一或混合口味喔！

現場可見花生糖製作過程

店家大方提供試吃

零嘴包裝分量適中

綜合口味的花生糖禮盒，可一次品嚐到三種人氣商品

原味顆粒花生糖，吃得到扎實的花生顆粒

花生捲是店家的人氣招牌

芝麻糖的口感細緻酥軟，黑芝麻的味道濃郁，是健康養生首選

各種口味的香酥花生

07 中西區

日式古早味
民族鍋燒老店

李媽媽民族鍋燒老店位於赤崁樓旁邊的赤崁東街內，可說是臺南最古老、也最傳統的古早味鍋燒麵店，傳承三代的鍋燒老店創立至今已有55年的歷史。

赤崁東街的創始店每到用餐時間和假日就座無虛席，去年店家開設了忠義分店，由第三代的年輕老闆負責經營；分店的設立是回饋長期支持的在地客，免去與遊客一起排隊等候用餐，此外還提供了許多創意新菜色，如海產粥、海產意麵、紅茶牛奶……，都是忠義店限定喔！怎麼找到忠義店呢？循著赤崁店左側的小巷口走入，穿過巷弄就能看見。

老店的餐點特色是強調日式古早味，大家喜愛的湯頭每天都由老闆親力親為，使用精選的高品質柴魚熬煮四小時而成，讓柴魚的精華完全釋放至高湯中，成就一鍋甜度與鮮度兼具的美味柴魚湯底。

穿過小巷就能到達忠義分店

Info

民族鍋燒老店｜赤崁店｜忠義店

臺南市中西區赤崁東街 2 號｜臺南市中西區忠義路二段 197 號

（06）222-7654 ｜（06）222-3738

10:00 ～ 22:00，週一店休｜ 10:30 ～ 14:30，17:00 ～ 20:00，週一店休

搭乘 3、5、77、88、88 區間、99、99 區間路線公車於赤崁樓站下車，步行 1 分鐘（約 80 公尺）

店家的外牆上貼著招牌餐點的精美海報

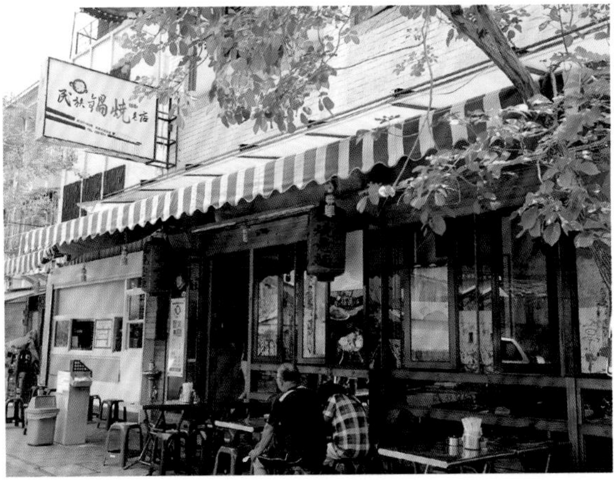

老店外觀

內用餐環境整齊清潔

古早味紅茶 / 紅茶牛奶是忠義店的人氣飲品！

美味的鍋燒意麵搭配招牌古早味紅茶 / 紅茶牛奶，讓人感到飽足和幸福

鍋燒麵的主角為油炸的意麵，選用中筋麵粉及鴨蛋以手工製成，獨家配方的手工意麵即使經過油炸，也能嚐到鴨蛋意麵的Q滑口感和咬勁；而鍋燒意麵裡的好料多多，最大的賣點就是手工天婦羅，以糊狀粉漿包裹著新鮮的蝦子、旗魚片下鍋高溫油炸，酥脆的麵衣吸附柴魚湯汁後香氣逼人。

以前炸蝦使用蝦味濃郁的火燒蝦，現在則改用肉質較肥厚的白蝦，整隻帶殼食用風味最佳；穿上麵衣的旗魚滋味獨特，非常涮嘴，來到赤崁樓，別忘了到民族鍋燒老店吃碗帶有日本料理精神的古早味鍋燒意麵喔！

天婦羅的麵衣飽含柴魚湯汁精華，炸料使用的是帶殼鮮蝦和旗魚片

油炸過的鴨蛋意麵保有咬勁，口感Q滑

招牌古早味鍋燒意麵，鴨蛋意麵和天婦羅炸物的組合，整體口味清爽不油

招牌活魷魚選用限量的新鮮阿根廷魷魚，肉質肥厚、口感Q彈，搭配店家獨門特調的海山醬，讓整體風味更加獨特且鮮甜！

鍋燒意麵、海產粥、招牌活魷魚、古早味紅茶／紅茶牛奶，皆為店家的必點菜色

臺南的鹹粥多為飯湯形式，也能選擇海產意麵／雞絲麵

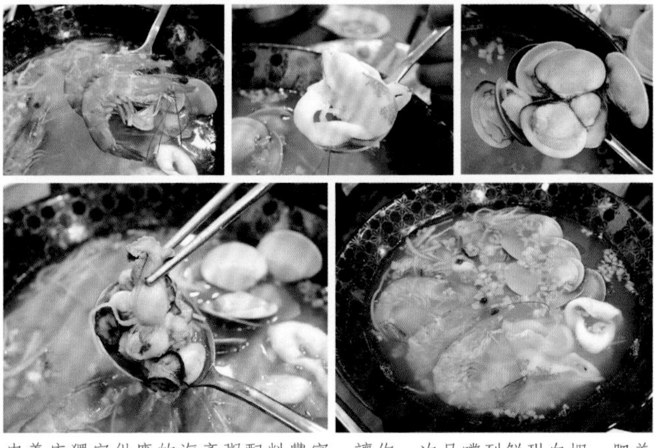

忠義店獨家供應的海產粥配料豐富，讓你一次品嚐到鮮甜白蝦、肥美蛤蠣、滑嫩蚵仔

08 中西區

咖啡拉花冠軍
艾咖啡 Alfee Coffee

臺南有好幾間由冠軍咖啡師坐鎮的咖啡館，而今天要跟大家介紹的艾咖啡 Alfee Coffee，店內的咖啡師曾獲得多屆世界盃拉花大賽臺灣選拔賽的冠軍殊榮。

艾咖啡坐落於火車站附近的巷弄內，主要是由兩位咖啡拉花好手——老闆程昱嘉與鄭智元駐店為大家服務，店名艾咖啡源於老闆的小名，藉此表達對咖啡的熱愛。

店家標誌

Info

艾咖啡 Alfee Coffee

- 臺南市中西區西華南街 15 號
- （06）222-1387
- 10:00～20:00（最後點單 19:00），週一店休
- 搭乘 77 號公車於民族路西華南街口站下車，步行 2 分鐘（約 140 公尺）

店面外觀採用工業風設計，冷硬中帶有獨特的味道

黑白色調的店內空間，也販售咖啡沖煮器具

二樓提供授課、練習的場地

來到臺南火車站附近，不妨順道步行至艾咖啡，推開工業風的金屬大門，挑個吧檯區的座位，一邊品嚐香醇的咖啡和手工甜點，一邊欣賞咖啡師專注地完成一杯杯精緻的拉花咖啡，輕鬆愜意地度過美好的午後時光。

咖啡師專注的眼神傳達了店家對於咖啡的態度

店內三臺不同顏色的磨豆機和一臺稀有的 La Marzocco Mistral 三孔咖啡機，是咖啡師們的夢幻逸品

想放輕鬆就點杯酒香風味的拿鐵，品嚐貝里斯奶酒的微醺香氣吧！

手作抹茶派充滿抹茶的甘韻香氣！

冠軍咖啡師鄭智元親手為你做出美麗的拉花圖案

冰釀咖啡有著如啤酒般的泡沫感

咖啡與甜點的完美搭配，視覺與味覺的饗宴

臺灣四大名園

吳園藝文中心

清代臺灣有四大名園，分別為臺南吳園、板橋林本源園邸、新竹鄭家北郭園、霧峰林家萊園。臺南吳園是道光年間地方仕紳吳尚新的宅邸，創建至今已有190年的歷史，仿江南風格建構的庭園內布置有假山、池塘、涼亭，石砌廊道、池臺水閣值得一看！

庭園景觀最為吸睛的就是那一池綠意，池塘內的岩石上經常可見大小烏龜享受著臺南的暖陽！池畔的閩南排屋規劃為「白鹽色」藝文空間，提供具有臺南意象的創新茶品與茶具販售，磚牆木欄充滿古風之美。

整個吳園腹地廣闊，除了水榭樓臺外，還可見大片草坪與階梯式的戶外劇場，假日偶有藝文團體在此表演，一旁的觀景樓可居高一覽吳園風光！

園區內另有一棟建於昭和九年（西元1934年）的木造房屋，因屋外有棵柳樹而得名「柳屋」，為臺南少數僅存的日治時期食堂之一，目前改名為「十八卯茶屋」，提供各式茶品和茶點，內部擺設簡單雅致，日式氛圍濃厚！

吳園入口處的代表性地磚

Info

吳園藝文中心

- 臺南市中西區民權路二段30號
- (06) 228-9250
- 臺南公會堂｜8:00～20:00，免費參訪
- 搭乘19、99、99區間路線公車於吳園站下車；或77號公車於臺南護校站下車，步行3分鐘（約220公尺）

池畔的閩南排屋

日治時期，吳家子孫被迫變賣吳園土地，在吳園南側闢建臺南公館（後來稱為臺南公會堂），為臺灣最早具有公共集會功能的現代建築，是當時日本人集會設宴的重要場所。馬薩式樣（Mansard Style）的建築雕琢典雅，主體採用法國式屋頂（French Roof）、二樓外牆使用愛奧尼克式（Ionic Order）方壁柱，前棟兩翼部分屋頂矮牆的綠釉花磚，為巴洛克風格的西方建築融入臺灣味！內部設有史料室，展示著吳園的歷史。

來到吳園藝文中心，可一次飽覽歐式建築、和風茶館、江南庭園，感受那百年歲月的洗禮，在繁華城市之中勾勒出的這片閑情林園。

四角涼亭作勵軒

觀景樓

柳屋原為日治時期的食堂

巴洛克式建築的臺南公會堂，臺灣特有的綠釉花磚裝飾於兩翼部分屋頂矮牆，將本土素材融入西方建築，頗有雅趣

10 中西區

日式生活食器

餐桌上的鹿早

餐桌上的鹿早為知名的和風食器專賣店，藏身在衛民街的小小巷弄內，小巷非常不顯眼，跟著人群走入才發現別有洞天。

店家外觀與一般老屋無異，推開紗門，可見小小的店面裡頭擺滿了各式杯盤器皿，除了桌面上、櫃子邊，連地上也全都堆滿餐盤，所以進到鹿早請小心行走，背在身後的包包也要留意，不要碰撞到擺放在櫃上的餐盤喔！

店家原先經營鹿早茶屋（已歇業），意外開創了餐桌上的鹿早商機

Info

餐桌上的鹿早

- 臺南市中西區衛民街 70 巷 30 號
- 0919-633-225
- 平日 13:00 ～ 17:00，例假日 11:00 ～ 18:00，週二、週三店休
- 搭乘 77 號公車於民族路西華南街口站下車，步行 4 分鐘（約 300 公尺）；或紅幹線、3、88、88 區間、紅 1、紅 2、紅 4 路線公車於縣知事官邸站下車，步行 3 分鐘（約 270 公尺）

這裡的餐具來自世界各地，也有知名的品牌，基本上多為簡單樸實的和風款式或花草圖案，幾何圖形與素色的搭配，都是大家喜好的收藏款，也有許多部落客買回去做為拍照配件或擺設喔！

店內有一道門可通往另一處別具特色的五金小賣所，裡頭賣的是一些居家雜貨、復古五金配件，如門把、掛鉤、插座、開關面板、燈座……等，小小一室布置著古董家具和乾燥花束，是一家既溫馨又寧靜的手創店，還有可愛的店貓坐在一隅！

一旁有間文青感十足的獨立書店

各式琳瑯滿目的和風食器

許多精緻的杯盤器皿皆是限量品，庫存賣完就難再尋

鹿早五金小賣所主要展售居家雜貨、復古五金配件和乾燥花束等商品

鹿早五金小賣所主要展售居家雜貨、復古五金配件和乾燥花束等商品

鹿早五金小賣所的店貓

老師傅的技藝傳承

全美戲院

位於永福路與民權路口的全美戲院有三大特色，一是舊臺南市內唯二的二輪戲院，二是手繪電影看板，三是孕育了李安導演的美國電影夢。

全美戲院的手繪電影看板

Info

全美戲院

- 臺南市中西區永福路二段 187 號
- （06）222-4726
- 平日 12:30 ～ 23:00，週末 10:30 ～ 23:00
- 搭乘 3、5、5 區間、77、88、88 區間、99、99 區間路線公車於赤崁樓站下車，步行 3 分鐘（約 210 公尺）；或 14、綠 17 路線公車於民權路站下車，步行 3 分鐘（約 260 公尺）

全美戲院為傳統的臺式建築，獨特的三連棟街屋呈現左右對稱的塔樓樣貌，在夜晚的燈光映照下顯得格外溫暖動人

舊臺南市區內有兩間二輪戲院，一間是全美戲院，另一間是今日戲院，只要一張票、就能觀看兩部電影，是許多臺南人共同的學生時期回憶，就連李安導演也曾經說過，全美戲院在他追逐電影夢的過程中影響深遠。

全美戲院的外觀為傳統對稱形式的三連棟街屋，貌似有兩座塔樓分別位於兩側，相當特別！搭配純手工繪製的電影看板，為臺南最具特色的二輪戲院！年紀近70歲的國寶級繪師顏振發老先生，從17歲起開始學畫，至今已作畫50年餘，曾經創下一年繪製近三百幅電影看板的紀錄。

有鑑於電影看板的手繪職人越來越少，對於即將失傳的這項技藝，在全美戲院接班人吳俊誠經理的建議和支持下，開辦了全美今日戲院手繪看板文創研習營，由老師傅開班授課，培養未來的傳人；週日造訪全美戲院，偶爾可見顏振發老先生正在指導學員們繪製電影看板，讓這項傳統工藝得以繼續流傳下去！

來到臺南，務必將全美戲院的手繪電影看板列入參訪行程，體驗在地戲院的歷史文化，感受手繪電影看板的溫度！

全美今日戲院手繪看板文創研習營，集結對傳統工藝懷抱熱忱的學員，親自完成一幅電影人物手繪看板

新美街巷藝遊趣

臺南百年老街，帶你走過風華歲月，請掃QR code，按圖索驥去感受臺南深藏的文化底蘊。

新美街地圖

新美街為臺南的老街之一，路段範圍從民生路經民權路、民族路到成功路，在古代，由北至南的街名分別為米街、抽籤巷、帆寮街，各路段皆有其特色，巨鼠小姐將其分類為米街／文創、甜點、咖啡，抽籤巷／街頭彩繪、特色老店，帆寮街／小吃、特色老店。

新美街一景，狹長的老街很有懷舊的味道

地面偶爾可見方形的指標磚石

路面鑲嵌的新美街地標

Info

新美街

搭乘 3、5、77、88、88 區間、99、99 區間路線公車於赤崁樓站下車，步行 2 分鐘（約 140 公尺）；或藍 23、藍 24 號公車於西門圓環站下車，步行 1 分鐘（約 80 公尺）

懷舊街區新樣貌

米街

米街是成功路到民族路之間的新美街舊稱，為臺南府城的舊街道，從清代嘉慶年間就存在至今，因米商糧號聚集於此而聞名。雖然歷經歲月變遷，賣米的店家已不復見，老街逐漸沒落，但巷弄內仍可見到不少50年以上的傳統老店。

這個街區有許多特色店家，如「小草堂」除了有著美味的早午餐，更將甜點化為藝術品，綿密的豆乳霜杯子蛋糕搖身一變，成為美麗且繽紛的花草盆栽；「Lovi's」巷弄手工雪糕舖為年輕人創業的文青氣質小店，販售以天然食材製作的各式美味雪糕，真材實料的創意口味頗受歡迎，也是臺南火紅的IG打卡景點呢！米街上的百年金紙老店「漢龍香品」與「王泉盈紙莊」，其歷史皆可追溯至清代，流傳至今的宗教藝術和百年傳統版畫工藝，見證了米街的昔日繁華。

從清代嘉慶年間就有歷史記載的老街

大紅燈籠高掛，綿延整條米街，很有舊時廟埕市集的氛圍

人氣冰品「Lovi's」巷弄手工雪糕舖的老闆是個健談的文青男孩

我家賣水果的「鳳 冰果舖」，非常有趣的店招！

Info

Lovi's 巷弄手工雪糕舖

王泉盈紙莊

鳳 冰果舖

02 新美街

生活美學輕食主義

小草堂

走入米街的僻靜巷弄，小草堂的店面深深吸引我的目光，店家的外觀呈現清新的日式氛圍，隱約看得出老屋改造前的原始風貌，抬頭一看，二樓還有隻貓咪在那裡享受日光浴呢！

走進小草堂，彷彿進到一處藝文空間，冷硬的水泥地板搭配溫暖的木質桌椅，再加上工業風的黃澄色燈泡，新舊交融的和諧氛圍，既舒適又讓人感到放鬆！小草堂的空間細長，左右兩側的座位布置成不同風格，有簡約工業風的長桌、高腳椅，也有溫暖鄉村風的木製桌椅；內側另有日本進口的食器展示，木質的餐盤一件件都超有質感，光是擺放在一旁就是充滿生命力的藝術品，喜歡收集餐具的朋友們千萬不要錯過！

店家外觀

抬頭一望瞧見小驚喜

店外特別佈置了木架與盆栽，帶有小巧日式庭園風情

店內一隅

店內空間小巧溫馨，綠色植栽點綴黃澄色的光暈，灑滿一室溫暖

吸睛的日本南部鑄鐵壺，在店內點壺熱茶就能使用這套美麗的茶具

日本進口的木製餐具格外有質感

吧檯區是讓人輕鬆獨處的小天地

小草堂最為著名的是它的手作招牌藝術甜點，使用青梔子花、丸久小山園抹茶粉、紫心地瓜、火龍果、甜菜根……等天然食材，在店家的巧手製作下，化身成一朵朵盛開的美麗花朵，既是甜點、也是藝術品！店家透過花朵造型的手工甜點，傳達、實踐對美學的理念，希望帶給來店的客人生活感動和美感享受。

色彩繽紛的豆乳霜杯子蛋糕，玫瑰花瓣及仙人掌造型華麗，模樣十分吸睛！

凡爾賽玫瑰豆乳霜杯子蛋糕每日限量供應，味道甜而不膩！

櫻花水信玄餅外表晶瑩剔透，口感Q彈咕溜，裡頭漂浮著一朵鹽漬櫻花，充滿日式浪漫氛圍

日本靜岡抹茶拿鐵喝得到靜岡抹茶的微苦甘韻

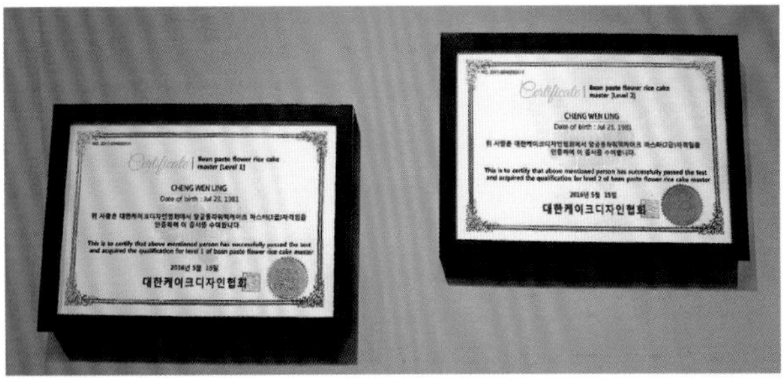

牆上掛著老闆娘到韓國甜點學校進修的證書

仲夏莓果之戀：美豔的漸層氣泡飲，選用 B&G 德國農莊的有機歐洲水果茶，滋味酸甜

名古屋神之布丁使用產於馬達加斯加的天然香草莢製作，搭配苦甜焦糖漿，口感細緻，有著濃郁奶香

法式小黑麥鄉村櫻桃鴨：分量不小的早午餐，吃得到法式麵包的酥脆和煙燻櫻桃鴨的香嫩

Info

小草堂

臺南市中西區新美街 189 號

（06）221-5130

10:00 ～ 18:00，週二店休

搭乘 18 號公車於成功國小站下車，步行 2 分鐘（約 170 公尺）；或 3、5、77、88、88 區間、99、99 區間路線公車於赤崁樓站下車，步行 4 分鐘（約 300 公尺）

03 新美街

探索巷弄之美

米街樂

循著指標走入位於新美街 320 號旁的巷弄，將會發現另一番小天地！

「米街樂」是由中西區公所認養的閒置空地，結合在地特色打造了這個樂活新空間，裡頭可見介紹周邊店家、古蹟的米字翻牌；利用廊道空間設計出的米街時光隧道，娓娓訴說著過往的記憶；保留原有的斑駁紅磚牆，以綠色植栽妝點，可以感受舊日巷弄生活的獨特風情。

這空地也稱為米街廣場，由年輕店家結合在地居民組成的米街人文會社，以「吃米不知米街」為號召，不定期於假日在此舉辦「米街遊市集」、「米街暗光鳥」夜間小市集等活動，有許多個性商家出沒擺攤，熱鬧非凡！

Info

吃米不知米街

慢溫工房

藏身於巷弄內的米街樂活新空間

走入「慢溫工房」旁的巷弄，即可找到米街廣場

米街廣場的米字翻牌裝置藝術

米街人文會社不定期於米街廣場舉辦市集活動

米街廣場保留了在地居民的獨特回憶

04

新美街

古城老街新活力

抽籤巷

民族路到民權路之間的新美街中段，早期名為三義街，古代稱為抽籤巷，原因是此街巷有著歷史悠久的開基武廟，附近還有香火鼎盛的祀典大天后宮和祀典武廟，人們到廟宇參拜後會擲筊求籤詩，故曰抽籤巷。

這裡最著名的店家就是隆興亞鉛店，開業至今已走過半世紀的歲月，白天常可見第二代老闆正在製作不易生鏽的鍍鋅容器，老店堅持以手工打造的水桶、澆花器和茶葉罐，在這老街巷裡延續著傳統的老技藝，構成了我們印象中熟悉的老記憶。

轉入一旁的新美街125巷內，牆面上點綴著繽紛的彩繪壁畫，為老街巷注入了一股新活力。

開基武廟為全臺首座關帝廟

Info

隆興亞鉛店

臺南市中西區新美街 148 號

(06) 222-7621

9:00 ~ 22:00

開基武廟　祀典大天后宮　祀典武廟

有著 50 多年歷史的隆興亞鉛店

傳統手作技藝需靠吃苦耐勞的年輕人傳承

抽籤巷的彩繪壁畫是
熱門拍照景點

國定古蹟大天后宮具有崇高的歷史與文化地位，廟埕兩旁分別有座龍碑、龜碑

國定古蹟大天后宮俗稱臺南媽祖廟，始建於明萬曆10年（1583年），是臺灣第一座由官方興建的媽祖廟，也是唯一納入官方祀典的媽祖廟。明永曆15年（1661年）寧靖王來臺，府邸即建於媽祖廟後方；到了清康熙23年（1684年），依靖海侯施琅之奏晉封媽祖為天后，並納入春、秋祀典，因而改稱為祀典大天后宮。

大家來到新美街，務必走訪這四百多年歷史的宏偉廟宇，欣賞精緻的雕刻藝術及傳統木架構建築展現的力學之美！

Info

金德春老茶莊

臺南市中西區新美街 109 號

（06）228-4682

9:00 ～ 20:00

金德春老茶莊為同治七年（1868 年）開業的老店，仍循古法製茶，展現傳承百年的老技藝

昭玄堂為臺南少見的手工燈籠店

大天后宮旁的兩角銀是少數現場剖瓜、熬糖、煮茶的古早味冬瓜茶專賣店

Info

昭玄堂

臺南市中西區新美街 138 號

（06）220-4334

兩角銀

抽籤巷還有不少老屋新力的呈現，將近百年的老屋重新整修，注入文創新活力，像是知名早午餐BON、義式料理Ballot Lane Pasta。

BON — Good Food. Nice Life.

Ballot Lane Pasta 是義式料理為主的複合式餐廳

Info

Ballot Lane Pasta

BON

千帆聚集泊船港

帆寮街

民權路到民生路之間的新美街原為正義街，早年此地為一處泊船港，港中千帆聚集而得名帆寮街；此區接近交通要道，故路面較為寬敞，街景也較為現代，除了一般民宅和商旅，還有不少特色餐館和居酒屋，大多從晚間開始營業，越夜越熱鬧。

恭仔肉燥意麵為當地著名的小吃店，飄香70年的老店，賣的是傳統古早味肉燥意麵，品嚐的是一股懷舊鄉土滋味。附近還有泉興榻榻米，也是有著70年歷史的榻榻米老店，國寶級的師傅李金水老先生，畢生手工縫製的榻榻米超過10萬張，精湛工法聞名國際，日本媒體更是專程前來採訪，現由孫輩傳承此手作工藝，將傳統技藝延續，繼續溫暖每個人的記憶。

帆寮街有不少居酒屋和燒烤店，到了夜晚熱鬧非凡

恭仔肉燥意麵為在地經營70年的老店

Info

恭仔肉燥意麵

臺南市中西區新美街32號

（06）221-7506

11:00～23:00

新美街，一條歷史悠久的老街，經過多少歲月的更迭，上演許多動人的故事。來到臺南，務必走訪這條街，靜靜地感受這古城老街的氛圍。

泉興榻榻米為手製榻榻米老店，國寶級老師傅技藝聞名國際

Info

泉興榻榻米

臺南市中西區新美街 46 號

（06）222-5227

週一～六 8:00 ～ 20:00，週日 8:00 ～ 18:00

民權路美食商圈

歷史街道，貫穿整個臺南中西區，串連起百年文化美食，關於店家地圖，請掃QR code。

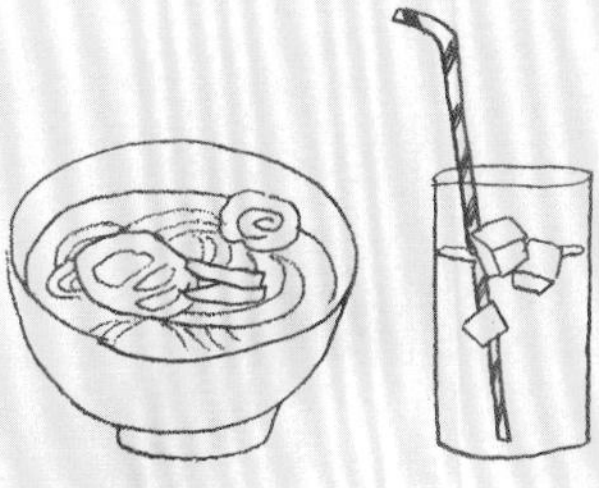

民權路地圖

60年老字號冰店

太陽牌冰品

太陽牌冰品可說是許多臺南人從小吃到大的在地冰品，負責人葉天龍先生於19歲時創店，至今已有60年的歷史。早期的太陽牌冰品以批發販售芋仔冰和枝仔冰為主，後來將芋仔冰改良為方塊狀的草湖芋仔冰，口感更為香Q，食用更為方便，頗受好評！

後期店家更研發出牛乳霜，搭配不添加防腐劑的紅豆，口感綿密、滋味香濃，一推出就熱賣！太陽牌冰品的三大臺柱：草湖芋仔冰、紅豆牛乳霜、傳統枝仔冰，為來店必點、必買的招牌冰品。

紅豆牛乳霜的口感非常綿密且細緻，奶香濃郁、味道香甜不膩，紅豆保有顆粒狀外形，入口卻相當綿軟，加上煉乳的香濃，滋味讓人驚豔！

牛乳霜的綿密口感與濃稠奶香深受大家的歡迎，配合不同季節，還會有當令的水果口

太陽牌冰品人氣商品：草湖芋仔冰、紅豆牛乳霜

Info

太陽牌冰品

臺南市中西區民權路一段41號

（06）225-9375

10:00～21:30

搭乘紅幹線、3、88、88區間、8050、紅1、紅2、紅4路線公車於東門圓環站下車，步行3分鐘（約240公尺）

店家外觀

紅豆牛乳霜是店家招牌，奶香十足

夏季限定的芒果牛乳霜，可以品嚐到當季最新鮮的芒果

軟Q的草湖芋仔冰，強力推薦香醇的芋頭和酸甜的酸梅口味

味，夏季的芒果牛乳霜、秋季的奇異果牛乳霜、冬季的草莓牛乳霜，都是限時供應的人氣乳霜冰品。

太陽牌枝仔冰擁有各式懷舊口味，如紅豆、花生、米糕、芋頭……等，是到臺南旅遊必買的伴手禮之一。方塊狀的草湖芋仔冰口感微Q，香氣十足，亦有多種口味提供選擇，花生、芋頭、酸梅、牛奶……等，除了在地人喜愛，也獲得各大餐廳好評而作為餐後甜點唷！

太陽牌冰品的老舊招牌，還是我童年記憶的那般泛黃，小小的一間冰店，無論何時光臨，總是門庭若市，找位置坐下、填好點單，冰品很快就送上桌，炎炎夏日來碗沁涼冰品，絕對是個好選擇！

太陽牌的傳統枝仔冰有多種口味可供選擇

代代相傳的人情味
再發號肉粽

臺南有家遠近馳名的再發號肉粽，其魅力在於代代相傳的人情味，創立於清同治11年（1872年），至今已有近150年的歷史，見證了時代的迭起興衰，依然在民權路上屹立不搖，不僅有許多知名藝人先後造訪，報章雜誌等媒體報導也不少，更曾經登上紐約華爾街日報的版面，是揚名國際的府城小吃。

再發號的外觀保有老屋的樣貌，大紅燈籠高掛，古色古香！騎樓的座位不多，假日時總是座無虛席，店內的牆上掛滿了各式匾額，以及到訪的名人合照，由此就可知店家受歡迎的程度，店面後方可見員工手不停歇地炒料、包粽，除了親自到店裡品嚐、購買，亦有全省低溫宅配服務。

老店的招牌餐點就是肉粽，另有麵、羹、湯、飯、飲料等選擇，店內主打的肉粽有三種：特製八

再發號的老店外觀古色古香

Info

再發號肉粽

- 臺南市中西區民權路二段71號
- （06）222-3577
- 10:00～20:30
- 搭乘14、綠17路線公車於臺南護校站下車，步行1分鐘（約70公尺）；或19、99、99區間路線公車於吳園站下車，步行1分鐘（約100公尺）

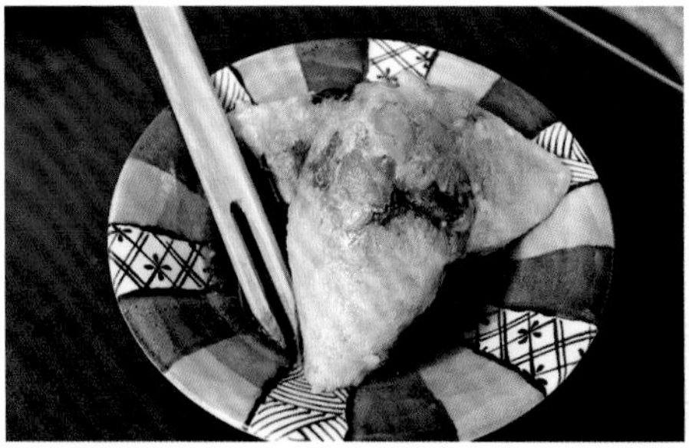

再發號的肉粽口感較為軟黏，還能品嚐到糯米飽含竹葉的清雅香氣

桂花紅茶的滋味獨特，喝得到濃郁的桂花香

集結小卷、豬肉、虱目魚精華的綜合羹湯

寶肉粽、八寶肉粽、肉粽，其差別在於餡料，特製八寶肉粽有許多豪華海鮮配料，將鮑魚、魷魚、干貝、扁魚酥、櫻花蝦……等都包入粽內；一般的肉粽則是單純的香菇、蛋黃、栗子、豬肉等內餡，搭配粒粒分明的長糯米，並淋上肉燥的甜鹹醬汁，使用傳統的竹叉品嚐，這就是傳承百年的好味道！

在店內品嚐肉粽時還可搭配羹湯，若不知該點什麼口味，就來碗綜合羹吧！一次就能嚐到小卷、肉羹、虱目魚羹三種風味，尤其是小卷口感Q彈又大塊，咀嚼起來蠻脆口，很是清甜！臺南的飲食口味偏甜，在羹湯的調味尤其明顯，大家不妨試試臺南人專屬的「甜」到底是何滋味？

店內有許多名人合照，透露出店家的高人氣

03

民權路

飄香 40 年好味道
阿銘牛肉麵

阿銘牛肉麵為臺南知名的老牌牛肉麵店之一，今天介紹的是位於民權路上的阿銘牛肉麵，小小的店面為一般老宅，整體環境簡單清雅，店門口是煮麵區，裡面則是用餐區和小菜切盤區，炎炎夏日時店內會開放冷氣，品嚐熱燙的牛肉麵倒也不至於汗流浹背。

阿銘牛肉麵的味道獨特，紅燒湯頭略帶中藥香氣、湯色如墨，牛肉選用的是當日現宰的臺灣水牛肉，湯頭則使用牛大骨搭配獨家香料與炒過的冰糖一起熬煮，味道醇厚還帶點焦

店家外觀

點一碗麵，加上一盤現切小菜，就是飽足的一餐

Info

阿銘牛肉麵

- 臺南市中西區民權路二段 270 號
- （06）228-5666
- 11:00 ～ 20:00，週四店休
- 搭乘藍 23、藍 24 號公車於西門圓環站下車，步行 1 分鐘（約 100 公尺）；或 5、7、14、18、藍 23、藍 24、綠 17 號公車於西門民權路口站下車，步行 1 分鐘（約 80 公尺）

香！我時常把一碗麵的湯都喝盡了，卻還留下半碗麵，由此可見湯頭的美味！

身為牛肉麵主角的紅燒牛肉大塊扎實，肉質不老不柴，偶爾帶筋，挺有咬勁！麵條使用的是臺南在地的細麵，能吸附更多的湯汁，麵條入口時伴隨著紅燒湯汁更加有味，咀嚼起來也格外Q彈，且帶有香氣。不喜歡細麵的人，店家也提供粗麵條的選項，「一碗牛肉麵，麥換粗麵」亦是老客人才知道的內行話！

店內另有榨菜肉絲麵和牛肉湯麵等選擇，湯麵亦能更換為乾麵，味道和口感也多了些許變化。來到臺南，務必嚐嚐這飄香40年的牛肉麵！

傳統麵館展現濃濃的府城人情味，在臺南街頭經常可見老店前一家和樂的溫馨畫面

老闆娘煮麵時的專注神情

麵館必點的小菜滷味

店內用餐環境

阿銘牛肉麵是臺南人從小吃到大的眷村味

麵裡的牛肉大塊又扎實，肉質不老不柴

榨菜肉絲麵是店家的招牌之一，榨菜加上肉絲、搭配Q彈麵條，簡單卻很美味

現點現切的小菜不需要再次加熱，清爽的滋味是麵食的絕配

店家免費提供的酸菜清爽又涮嘴

04

民權路

早鳥限定懷舊甜品

宮後街無名愛玉冰

臺南這個古老城市有很多的小巷弄，許多深受當地人喜愛的無名小店／攤販就隱身在巷弄之中。「無名」的寓意通常是希望來店的顧客把注意力集中在餐點本身，抑或是空間的氛圍，今天巨鼠小姐就來介紹位於西門路巷弄、靠近民權路口的無名攤車，這是只有早起的鳥兒才能品嚐到的清涼懷舊甜品。

早鳥限定的古早味冰品是由第一代老闆於民國73年時創立，現為第二代夫婦接手經營，店家賣的是臺灣傳統甜品：愛玉凍、杏仁豆腐、粉粿……等，全部都是手工限量製作的好滋味，基本上只營業到中午時分，售完為止。

來到宮後街口可見一輛小小攤車，上面擺著愛玉凍、杏仁豆腐、粉圓、粉粿及清冰、古早味糖水，均一價的古早味冰品可任選配料，也可選擇綜合冰，銅板價的甜品吸引許多在地老饕於早晨前往。

經常可見在地人圍繞著無名攤車、站立著品嚐愛玉冰

Info

宮後街無名愛玉冰

- 臺南市中西區西門路二段 275 號旁（近民權路口）
- 7:00 ～ 12:00（賣完就收攤）
- 搭乘藍 23、藍 24 號公車於西門圓環站下車，步行 1 分鐘（約 80 公尺）；或 5、7、14、18、藍 23、藍 24、綠 17 號公車於西門民權路口站下車，步行 1 分鐘（約 60 公尺）

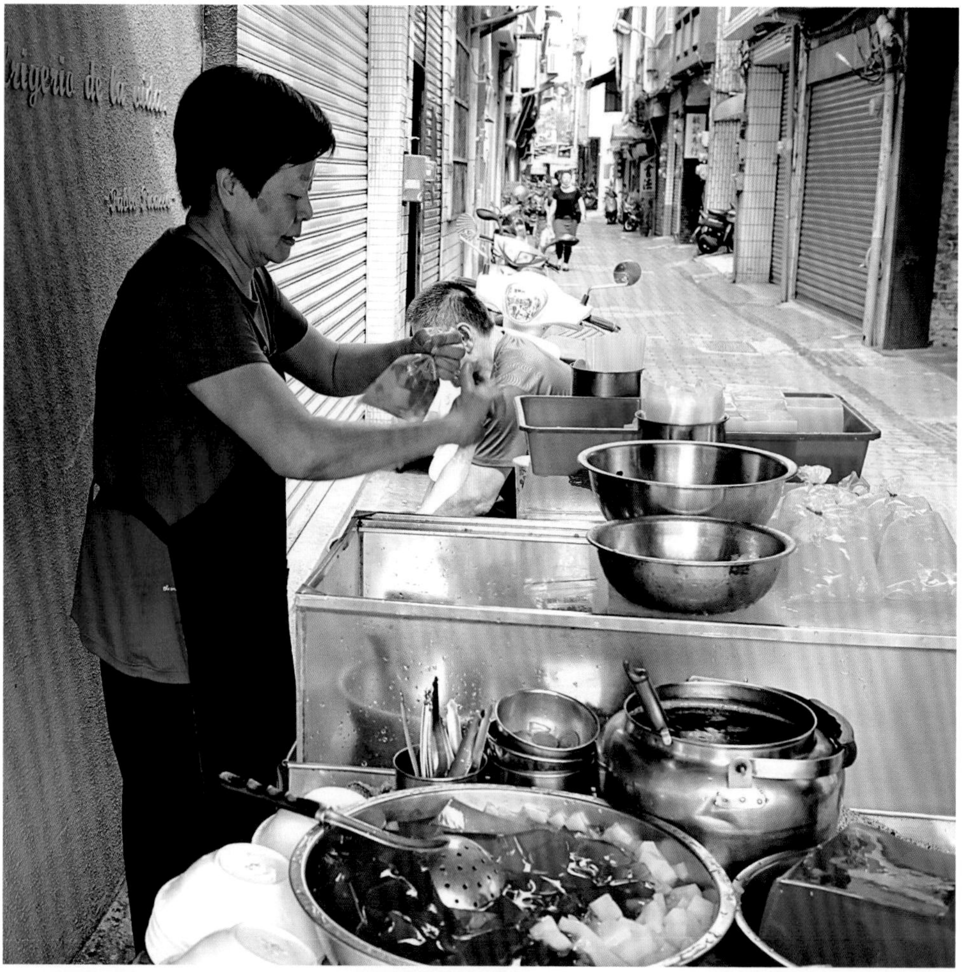

位於宮後街口的無名攤車是內行人才知道的美味甜品

純手工製作的粉圓、杏仁豆腐、愛玉凍，都是招牌的古早滋味

店家嚴選品質優良的高山愛玉，說這樣手洗出來的果膠比例口感最棒，滑嫩的愛玉凍硬軟度適中，恰好是放入口中就會化掉的程度！也能直接跟店家購買整塊的愛玉凍與親友共享。

另一項人氣甜品粉粿更是超級的限定品，若是晚於10點才來可就吃不到了！店家自製的粉粿視覺上是天然的透明偏白，不像中北部地區習慣添加山梔子、呈現亮麗的黃色；嚐起來非常的Q彈，咕溜的口感絕對讓你嚐過之後難以忘懷！

古早味冰品不但在夏日是排名第一的消暑聖品，店家在冬季也是照常營業，畢竟南部的冬天還是暖陽高照啊！下次來到西門路與民權路口附近，別忘了順道吃一碗透心涼的古早味甜品，對了，別太晚來，過了中午可就沒得吃囉！

整塊未切的愛玉凍可直接稱重購買，方便共享

配料任選，也可直接來碗綜合冰

超限量的手工粉粿，晚來就吃不到！

05

民權路

臺南人的廚房
水仙宮市場

臺南是個古都，不但古蹟多、廟宇也多，無論是在古時或現代，廟宇都是人群聚集之地，所謂人旺財旺，廟口通常也是特色店家和美食小吃匯聚之處。

臺南市定古蹟水仙宮位於民權路和國華街口，周邊的零售市場內有許多歷史悠久的傳統小吃，附近的水仙宮米糕與黃記鱔魚意麵都是深受臺南人喜愛的著名老店。

水仙宮米糕堅持古法製作，使用的是陳年長糯米，每日以竹桶蒸煮，口感較為香Q，帶有淡淡的竹香；搭配精選花生、旗魚酥，淋上滷製肉燥，口味鹹香醇厚，一旁的醃製小黃瓜滋味酸甜解膩，百分百的古早味讓老饕趨之若鶩。

相較於粒粒分明的米糕，魚酥飯使用的是一般白米飯，口感較為濕潤鬆軟，胃腸消化不良的人不妨選擇魚酥飯來品嚐。

魚酥飯使用的是臺灣本土旗魚鬆

Info

水仙宮市場

臺南市中西區海安路二段 230 號

（06）221-6737

7:00 ～ 12:00，每月第四個週一休市

搭乘 5、7、14、18、藍 23、藍 24、綠 17 號公車於西門民權路口站下車，步行 2 分鐘（約 170 公尺）；或藍 23、藍 24 號公車於西門圓環站下車，步行 3 分鐘（約 210 公尺）；或 77、88、88 區間路線公車於神農街站下車，步行 3 分鐘（約 190 公尺）

獨特的中藥材配方讓四神湯的濃郁湯頭帶著清香

平民美食古早味米糕

人氣老店水仙宮米糕

店家的四神湯是老頭家的父親在中藥房工作時習得的作法，湯頭可見藥材細末，溫醇的熱湯可以嚐到柔和的中藥清香，豬腸處理得很乾淨，沒有腥味。

水仙宮米糕已經在府城飄香一甲子，品嚐的是回憶，也是傳承的懷舊味道！

Info

水仙宮米糕

臺南市中西區民權路三段 44 號

（06）220-2407

16:00 ～ 00:30

鱔魚意麵為臺南在地小吃，同在轉角店面的黃記鱔魚意麵是其中的名店之一，擁有30年以上的美味歷史，店內最有名的就是鱔魚意麵和炒焿花枝。

鱔魚意麵又分乾炒、勾芡、麵湯三種，以乾炒和勾芡最受歡迎，巨鼠小姐則偏愛乾炒的鱔魚意麵，鱔魚厚薄適中，魚皮Q滑、肉質細嫩，還能嚐到臺南獨有的鵝蛋意麵香氣和Q彈嚼勁，甜度也較一般湯麵稍低一些。

不敢吃鱔魚的朋友，店家還有一道相當美味的炒焿花枝，花枝非常新鮮，帶有天然的鮮甜滋味，熟度掌握得恰到好處，嚐得到新鮮花枝的爽脆口感。

來到水仙宮附近，務必品嚐這兩家道地的傳統小吃，將臺南的經典美食一次納入胃袋喔！

臺南在地小吃黃記鱔魚意麵

香氣誘人的乾炒鱔魚意麵，使用獨特的臺南意麵，帶有Q彈嚼勁，還能嚐到洋蔥、高麗菜的鮮甜

Info

黃記鱔魚意麵

臺南市中西區民權路三段46號

（06）220-8636

16:00～00:15

炒焿花枝意麵嚐得到花枝的鮮脆

一個轉角、兩家老店，大火快炒的香氣在府城夜晚的街頭迸出迷人的美食記憶

兒時的甜蜜回憶

進興糖果行

走在臺南府城的老街道民權路上，兩旁不乏老屋可以欣賞，一路往西至西門路與金華路之間的區段，可見到不少歷經歲月淬煉卻依然展現活力的老建築，而從進興糖果行外牆的白綠色磁磚及舊式的手寫招牌就可知道它的歷史過往。

進興糖果行是在地經營60多年的柑仔店，裡頭販賣著各式古早味的糖果、餅乾、蜜餞和玩具，寬敞的店面、微暗的老舊日光燈管，兒時的甜蜜回憶點滴在心頭。

裝滿糖果的玻璃櫃展示櫃年代已久

走近店面可見門口垂掛的大小玩具，小時候必備的豬仔撲滿各種尺寸和顏色通通有，大家來到這一定要挑一個帶回家，投入其中的是零錢硬幣，保存下來的卻是珍貴回憶。

Info

進興糖果行

- 臺南市中西區民權路三段 103 號
- （06）222-5778
- 8:30 ～ 21:00，週日店休
- 搭乘 77、88、88 區間路線公車於神農街站下車，步行 1 分鐘（約 100 公尺）

充滿懷舊氛圍的古早味柑仔店！

店門口垂掛著各式懷舊玩具

歷史悠久的木造展示櫃全臺已不多見

孩子們喜愛的風車、玩具車，甚至是傳統布袋戲偶這裡也都有；琳瑯滿目的古早味零嘴，大小朋友們一走入店內都立刻陷入瘋狂，各自挑選著最愛的零食；牆面上方掛著整排的抽抽樂，有抽錢幣的、也有抽玩具的、更有抽零食的，喜歡哪種組合都能整組買回家，大人小孩一起回憶屬於舊時的童年遊戲！

人人都愛的酸甘甜（蜜餞）當然少不了，而且是用古早的玻璃櫃盛裝，數十種的蜜餞讓人看了直吞口水，販售方式也是傳統的稱斤論兩，如果想要嚐鮮，也能只買10元、20元。

除了古早味的糖果、餅乾，現在還多了新潮的進口糖果、盒玩，總之這裡就是一處寶物天堂，值得你花時間來慢慢尋寶，回味一下童年的美好時光！

稱重賣的古早味酸甘甜令人懷念！

豬仔撲滿是早期臺灣庶民生活的共同記憶

各式零嘴和抽抽樂

07

民權路

隱身巷弄的美味

亞義號無名早餐店

這是一間隱藏於巷弄內的無名早餐店，有趣的是店家數十年來都沒有招牌、也沒有店名，大家只好以巷口的五金行亞義號來稱呼它。

亞義號無名早餐店位於金華路和康樂街之間的民權路巷弄內，低調不起眼的店面位置偏僻，卻是深受在地人喜愛的手作早餐店。不大的早餐店內外僅有七、八張桌子，兩位有點年紀的阿姨在傳統的白鐵料理臺內手不停歇地製作著美味的早餐，一旁還有白鐵製的蒸箱，裡面躺著一顆顆熱騰騰的包子、饅頭。

擺在櫃檯上的點餐單可自行取用，餐點價位從10～35元不等，以一般早餐店來說真的是非常親民，也是在地學生從小吃到大都沒變的銅板美食。

巷口的五金行門前，寫著亞義號的圓錐標誌，是尋找無名早餐店的重要線索

Info

亞義號無名早餐店

臺南市中西區民權路三段 169 號

（06）228-9971

6:00 ～ 12:00，週日店休

搭乘 77、88、88 區間路線公車於神農街站下車，步行 3 分鐘（約 200 公尺）；或 0 左、0 右路線公車於協進國小（金華路）站下車，步行 2 分鐘（約 160 公尺）

站在巷口就可見到排隊等候的人潮

只有一對母女檔負責製作所有的餐點，需要耐心等候

自行找到位子坐下，填好點餐單交給料理臺內的阿姨，然後就是悠哉地吹著涼風，靜靜欣賞店家細心澆灌的綠樹盆栽，享受臺南緩慢流動的悠閒氛圍，因為這裡的餐點都是現點現做，急不來的！

鼻子嗅著從店內飄來的陣陣香氣，我努力按捺著內心一陣飢腸轆轆的悸動，我想等待加上期待會讓餐點變得更加美味吧！

來到這裡一定要點的就是燒肉蛋餅，肉片先行醃漬入味，再用平底鍋煎得兩面赤赤；蛋液均勻地和著蔥花，餅皮則是店家手工製作，一起煎到表面金黃、邊緣微微焦脆。甜鹹滋味的燒肉咀嚼起來帶著焦香，輕撒的黑胡椒粒增添不少香氣，有開胃之妙，越吃越涮嘴，總讓我情不自禁又追加一份。

店內也有漢堡、烤土司、饅頭夾蛋等選擇，不過巨鼠小姐最愛的還是燒肉系列，尤其是燒肉蛋餅，清爽的餅皮帶有青蔥的香氣，口感軟嫩又帶著些許焦脆。

在巷弄內堅持數十年不變的美味，是臺南學子難忘的人情味；有年紀的老房子、平凡而溫暖的小店，在每個早晨陪伴著我們，構築了屬於臺南的樸實氛圍，這是記憶中的獨家美味。

銅板價的美味，一個人不到百元就能有一桌澎湃的早餐

招牌的燒肉蛋餅，不吃蔥的人點餐時記得特別註明

煎到微酥的焦香餅皮內夾著鹹香燒肉

燒肉以傳統手法醃製入味，甜鹹滋味符合臺南人的喜好

若想更有飽足感，饅頭夾蛋加燒肉是你最佳的選擇

饅頭的口味是隨機的，若有個人偏好也可指定，不變的是滿滿的蔥蛋和燒肉

煎餃的外皮香酥，內餡則是飽滿多汁，喜愛煎餃的朋友也別錯過

中正銀座商圈

臺南最夯美食小吃和文青商店，都在這裡可以輕鬆找到，請掃QR code，一起去做美食文青。

中正銀座商圈地圖

西市場的老字號

鄭記土魠魚焿

位於中正銀座商圈和正興商圈之間的西市場，是臺南人口中的大菜市，最早興建於明治38年（1905年），為日治初期南臺灣規模最大的菜市場，幾經繁華和沒落，在民國92年被公告為市定古蹟，並於民國106年開始進行環境整治和古蹟修復，老舊市場未來將會以嶄新面貌再度和大家見面。

西市場在整個臺南市的都市發展史上具有極重要的意義，可說是經濟繁榮的指標。隨著網路媒體的發展與部落格文化的興盛，臺南小吃在全臺、甚至國際的能見度大幅提升，西市場周邊的眾多美食更是來到臺南旅遊不可錯過的清單。

西市場是舊臺南市區內極為繁榮的市場，食衣住行通通有！

Info

鄭記土魠魚焿

臺南市中西區國華街三段16巷3號

（06）224-0326

8:00～20:00

搭乘14號公車於中正商圈站下車，步行1分鐘（約100公尺）；或88、88區間路線公車於中正商圈站下車，步行1分鐘（約120公尺）

臺南的土魠魚焿相當有名，並且有許多土魠魚焿的店家，是號稱「吃不完的小吃」之一；位於西市場內、近國華街入口的鄭記土魠魚焿，則是臺南必吃的土魠魚焿老店之一，第一代老闆於民國25年創業，之後由第二代及第三代傳人繼承家業。

鄭記土魠魚焿是西市場內的老字號，與福榮小吃店、江水號皆為近百年的老店！

鄭記土魠魚焿偏紅的湯頭有著紅蔥頭和扁魚酥的滋味，讓人一吃就是80年，傳承三代的老味道；其實臺南多家土魠魚焿店都是師出於鄭記，所以來到臺南，當然要先嚐嚐這紅湯頭創始店的土魠魚焿。

歷經三代傳承的鄭記土魠魚焿依然維持低調的老店面，白鐵桌椅和牆面的老舊海報始終不變，餐點的選項也很簡單：土魠魚焿／麵／米粉、土魠魚塊／魚卵，米粉麵則是臺南老饕獨愛的搭配，可一次品嚐到軟Q麵條和濕嫩米粉的雙重口感，當你對麵條和米粉產生選擇障礙時，米粉麵會是你的不二選擇！

來到臺南的大菜市，務必嚐嚐鄭記土魠魚焿充滿懷舊記憶的滋味！

牆上斑駁的舊海報透露出老店的年紀

每天限量製作的酥炸土魠魚塊，售完就打烊

鄭記土魠魚焿特別的紅湯頭，可見其中漂浮著大白菜與紅蔥頭

一碗土魠魚焿加一份土魠魚塊是熟客慣常的點法

鄭記土魠魚焿的湯頭口味較為清爽，加些烏醋品嚐更添滋味，淡淡的甜味是屬於老臺南人的味道

單點的土魠魚塊表皮炸得微酥、口感較乾，建議沾著焿湯享用

新鮮的土魠魚塊紋理分明、肉質溼潤軟嫩，搭配米粉，混著湯汁吃起來特別滑口

幸福滋味專賣店

亞米甜甜圈

亞米小星星甜甜圈專賣店為國華街上（近中正路）的人氣店家，看似平凡的點心，卻是在地人最喜愛的西式下午茶之一。店家從下午一點開始製作、販售甜甜圈，全部的商品都是當天現場製作、油炸，一過中午就可見到師傅在店內搓揉麵團，開始製作甜甜圈，一鍋熱油逐品項下鍋油炸，站在街口就可聞到店家炸甜甜圈的香氣呢！走近一瞧，金黃外表看起來美味可口，聞起來更讓人垂涎三尺！

亞米甜甜圈專賣店除了基本款的圓形與螺旋狀甜甜圈，也有其他造型的甜甜圈，口味

位於熱門商圈內的街邊小店

Info

亞米甜甜圈

- 臺南市中西區國華街三段 6 號
- （06）220-2158
- 13:00 ～ 19:30（售完為止）
- 搭乘 14 號公車於中正商圈站下車，步行 1 分鐘（約 80 公尺）；或 88、88 區間路線公車於中正商圈站下車，步行 1 分鐘（約 100 公尺）

每日現場製作甜甜圈

原味脆皮甜甜圈吃得到酥脆外皮及柔軟麵團的雙重口感

有甜有鹹，有些還會淋醬裝飾呢！店家的招牌甜甜圈也是巨鼠小姐最推薦的兩種口味：原味脆皮甜甜圈和葡萄奶酥甜甜圈，都是快速秒殺的人氣款商品！

原味脆皮甜甜圈的外形是古早味的螺旋麵包狀，外皮炸得金黃酥脆，表面撒上顆粒狀的砂糖，一口咬下，麵團的口感非常細緻溼潤，吃得到砂糖的顆粒感，光是把表面的酥皮咬開就溢出獨特的麵香，那股甜香和酥脆口感讓人越吃越涮嘴！

葡萄奶酥甜甜圈的外表看起來平凡無奇，每一口都吃得到內餡的香甜奶酥，沙沙的口感有著濃郁的奶香，偶爾迸出酸甜的葡萄乾，也是不容錯過的幸福滋味唷！

玻璃櫃內琳琅滿目的甜甜圈

葡萄奶酥甜甜圈裡面有滿滿的奶酥和葡萄乾

03 中正商圈

人氣伴手禮

古早味零嘴
美勝珍蜜餞

美勝珍蜜餞是臺南的老字號，創立於民國36年，店址迄今都在中正路與國華街口沒變；第一代創始人原本從事水果買賣，也將當季盛產的水果醃製成蜜餞，延長水果的保存期限，讓民眾可隨時品嚐到水果的香甜，口味多樣的蜜餞在當時蔚為一股流行風潮！

多樣化的酸甘甜滿足你的味蕾

Info

美勝珍蜜餞

臺南市中西區中正路 235 號

（06）222-5618

11:30 ～ 23:30

搭乘 14 號公車於中正商圈站下車，步行 1 分鐘（約 50 公尺）；或 88、88 區間路線公車於中正商圈站下車，步行 1 分鐘（約 80 公尺）

代代相傳的美勝珍蜜餞，除了保留傳統的懷舊滋味，也不斷開發新口味的蜜餞和果乾，例如限量供應的蜜芒果，有著濃醇的酸甜滋味，加上精緻的包裝，一直深受當地民眾喜愛。

美勝珍不只販售蜜餞，另有古早味的餅乾、糖果和玩具可供選擇，類似柑仔店的組合，大人小孩到這裡尋找歡樂和滿足，老臺南人則在這回味兒時的美好記憶。

走過中正商圈的興衰起落，老店至今仍堅守原址，期許70年的品牌和品質繼續邁向百年未來。

使用來自玉井的大顆愛文芒果直接烘乾製成的愛文芒果乾，芒果本身的香甜滋味都被鎖在果乾中！

店家自製的新鮮水果乾

限量供應的雪芒果，裹著糖粉的酸甜滋味越吃越涮嘴！

美勝珍蜜餞的招牌相當醒目

使用整顆桑葚果實糖漬而成的蜜餞，吃起來香甜可口，是店家限量的招牌商品！

自己享用或送給親朋好友品嚐都適合

70 年的蜜餞老店宛如柑仔店

店內有許多古早味的餅乾、糖果，都是兒時回憶裡的美味，菜脯餅、胖胖酥、魷魚片、QQ 軟糖都是人氣款零食

季節限定彩色地瓜

鴨米鴨米脆皮薯條專賣店

在國華街和友愛街口有攤鴨米鴨米脆皮薯條專賣店，在地經營6年多的小吃攤不容錯過！所有商品都是當天現炸，每次走近店家就立刻被攤車上那成堆的薯條所吸引，黃澄澄散發著金色光芒，視覺上超誘人！

店家會依照季節使用不同品種的地瓜，有紅心地瓜、黃心地瓜、紫心地瓜、也有馬鈴薯可選擇。三個品種的地瓜各有其獨特風味和口感，紅心地瓜呈橘紅色澤，口感較為鬆軟；黃心地瓜為金黃色澤，口感較為綿密；紫心地瓜則是超級限量版、可遇不可求，鮮豔的紫色不但視覺上誘人，嚐起來也是香甜可口！

店家的鮮黃招牌十分顯眼，在夜晚點亮燈光後更加耀眼！

Info

鴨米鴨米脆皮薯條專賣店

- 臺南市中西區國華街二段180號前
- 0981-700-360
- 12:00～21:00（售完為止）
- 搭乘14號公車於中正商圈站下車後，步行2分鐘（約150公尺）；或88、88區間路線公車於中正商圈站下車，步行2分鐘（約180公尺）

店家獨特的處理手法和完美炸功讓地瓜薯條擁有酥脆的外皮和溼潤的綿甜口感，吸引許多愛呷的臺南人前來光顧。店家還提供八種口味供你選擇：梅粉、海苔、山葵、黑胡椒、起司、咖哩、蒜香、白胡椒，也能加辣呢！巨鼠小姐最愛地瓜薯條與梅粉的搭配，鹹甜滋味最涮嘴！

這裡還有波浪狀的大塊馬鈴薯條，外層的脆皮比地瓜薯條更加酥脆，趁熱享用，一口咬下可聽到爽脆的卡滋聲，裡頭的馬鈴薯非常綿密又帶有溼潤感，分量實在的馬鈴薯條吃起來挺有飽足感，八種口味當中巨鼠小姐最推薦黑胡椒，微鹹帶辣的口感很讚！

成堆的金黃地瓜與馬鈴薯條讓人垂涎三尺，入夜後在燈光下看起來更加美味誘人！

紅心地瓜嚐起來特別的香甜

紫心地瓜為特定季節的限量口味

綜合口味的地瓜薯條，一次就能嚐到不同品種的香甜地瓜，搭配梅粉，鹹甜滋味大人小孩都愛吃

撒上黑胡椒粉的馬鈴薯條超涮嘴！

懷舊小吃

國華街老攤

與鴨米鴨米脆皮薯條專賣店位於相同街口的熱門小吃還有林家白糖糕和原水仙宮高麗菜盒／韭菜盒／豬肉餡餅，皆是臺南老字號的小吃攤，也是臺南人捨不得公開的口袋美食。

林家白糖糕是傳統的路邊小攤，專售古早味的府城小吃：芋頭餅、白糖糕、番薯椪，看到彎腰辛苦製作白糖糕的老婆婆，就可知道攤家的年紀。平實的銅板價和懷舊的老味道是店家受歡迎的主因，現場可看老婆婆不停地製作著傳統甜點，看著白糖糕在熱油鍋裡不斷地膨脹，香氣也不停地竄出，讓人垂涎三尺，排隊的人潮亦不間斷。

芋頭餅和番薯椪是以芋頭和地瓜製成的古早味點心，現點現做，現場趁熱享用要小心燙口。番薯椪就像是夜市裡的

林家白糖糕是臺南的人氣小吃

林家白糖糕｜原水仙宮高麗菜盒／韭菜盒／豬肉餡餅

臺南市中西區國華街二段 174 號前

11:00 ～ 20:30 ｜ 15:00 ～ 19:00（售完為止）

搭乘 14 號公車於中正商圈站下車後，步行 2 分鐘（約 150 公尺）；或 88、88 區間路線公車於中正商圈站下車，步行 2 分鐘（約 180 公尺）

在油鍋裡逐漸膨脹的番薯椪和芋頭餅香氣誘人

剛炸好的白糖粿是最受歡迎的傳統甜點

白糖粿要趁熱享用，微酥的表皮內是軟黏的香Q糯米糰，花生糖粉更增添一番風味！

地瓜球放大版，口感外酥內Q彈，還有著香甜溼潤的地瓜泥內餡；裹粉油炸的芋頭餅也是非常具代表性的傳統小吃，外層的麵皮酥脆，裡頭的芋頭鬆軟且香氣濃郁。

店家最受歡迎的白糖粿又稱為糯米炸，南部的糯米炸通常為長條狀，白泡泡的糯米炸遇熱油膨脹後，放到花生糖粉中滾一圈，均勻沾附糖粉即可享用。

老夫妻同心經營的小吃攤每日現點現做

一旁販售高麗菜盒、韭菜盒、豬肉餡餅的小攤原是水仙宮市場的知名老店，因為店家沒有取名，久而久之民眾就以其販售的品項稱之。

每日午後可見一對老夫妻在此擺攤，現場製作美味的小吃，高麗菜盒選用的是梨山高麗菜，味道可甜了！韭菜盒裡則是滿滿的韭菜和粉絲，吃起來很夠味。剛煎好的豬肉餡餅隱藏著爆漿危機，裡頭的豬肉餡鮮甜多汁，趁熱品嚐時小心燙手又燙口，皮薄多汁肉又鮮，味道可說是一級棒！

餡餅、韭菜盒在煎臺上滋滋作響，金黃色澤讓人食指大動

韭菜盒有著滿滿的韭菜和粉絲，滋味辛香十分涮嘴

高麗菜盒使用的是梨山高麗菜，清甜美味又多汁

豬肉餡餅的肉餡飽滿多汁，以黑胡椒調味搭配青蔥相當受歡迎！

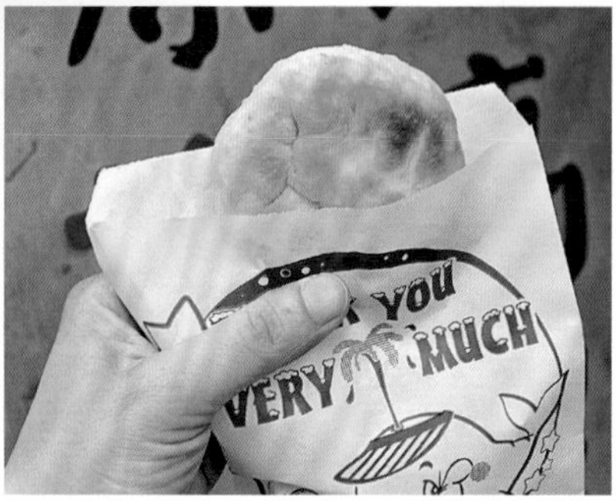

自製在地果醬

佛都愛玉

佛都愛玉是一家以天然手洗愛玉為主的飲品店，將傳統愛玉搭配各種臺灣的本土食材，運用不同的呈現方式賦予愛玉一個全新的時尚面貌。

店家選用高海拔零汙染的阿里山野生愛玉，採人工手洗凝結而成愛玉凍，這樣的天然愛玉有著機器加工所無法替代的豐富口感，搭配新鮮在地水果熬煮的天然果醬，如臺南下營的桑葚、關廟的鳳梨、南投埔里的百香果、屏東九如的檸檬，完全不添加防腐劑和人工香料，所調配出來的水果愛玉健康又清

店內的簽名板展現店家的超人氣

佛都愛玉的 Q 版招牌非常醒目

Info

佛都愛玉

- 臺南市中西區友愛街 223 號
- （06）220-1166
- 11:00 ～ 22:00
- 搭乘 14 號公車於中正商圈站下車後，步行 2 分鐘（約 150 公尺）；或 88、88 區間路線公車於中正商圈站下車，步行 2 分鐘（約 180 公尺）

爽，多樣的口味選擇和豐富的口感層次，讓佛都愛玉奪得全國愛玉PK大賽總冠軍，亦為臺南百家好店之一。

以塊狀呈現的手洗愛玉口感較為紮實且Q彈，搭配店家自己熬煮的果醬更是有著不同的風味，玉井芒果青愛玉選用臺南玉井的土芒果，可以品嚐到濃郁的酸香滋味，搭配新鮮彈牙的愛玉凍，是天然的消暑聖品！

佛都愛玉也是全臺第一家將新鮮水果製成彩色珍珠的店家，巧妃系列人氣飲品搭配愛玉調配而成鮮奶拿鐵，口感十分豐富，經典口味有咖啡、抹茶，也有太妃糖口味喔！讓你同時品嚐珍珠的嚼勁和愛玉的Q彈。

除了招牌愛玉，店家另有古早味香蕉冰可供選擇，亦是店內的超人氣商品。充滿兒時回憶的香蕉冰有著獨特的香蕉油香氣，搭配店家自己熬煮的飽滿紅豆和香甜煉乳，讓人一吃就上癮！

手洗的阿里山野生愛玉晶瑩剔透，富含天然果膠的彈性與厚實口感

埔里百香果愛玉看的到百香果的顆粒

桑葚檸檬蜜口味的紅寶石愛玉，色澤動人，滋味豐富

抹茶巧妃愛玉拿鐵：加倍濃縮製作的抹茶風味濃郁

巧妃系列飲品結合水果風味的Ｑ彈珍珠與天然手洗愛玉，是店家的招牌之一

咖啡巧妃愛玉拿鐵：精選哥倫比亞＋巴西＋曼特寧咖啡濃縮入味，製成的咖啡口味珍珠特別的甘苦香醇

荔枝巧妃與抹茶巧妃是當下流行的時尚口味

紅豆煉乳香蕉冰讓人回憶起兒時的美味傳統冰品

芒果青香蕉冰選用玉井的土芒果，酸甜生津、香氣濃郁

07 中正商圈

泡沫紅茶創始店
雙全紅茶

雙全紅茶創立於1949年，原本任職調酒師的創始人因工作的居酒屋歇業而在今日的中正路131巷口擺攤，賣起現沖紅茶，為臺南第一家手搖泡沫紅茶。

隱身於中正路巷弄內的雙全紅茶不好找，站在中正路131巷口隱約可見雙全紅茶的店面，走近就可看見雙全紅茶的紫紅色招牌，十分亮眼！

雙全紅茶只賣泡沫紅茶，分為杯裝和瓶裝，甜度有全糖／半糖／微糖／無糖四種選擇，偶爾會聽到在地人用臺語點茶，「鹹的，重鹹」，僅僅幾個字就可分辨出對方是否為在地老臺南人，實在有趣！

雙全紅茶使用的是仙女紅茶，有著濃郁的紅茶香氣，店家沖煮的紅茶味道濃厚，切記別空腹品嚐。

來到臺南，千萬別錯過這年紀超過一甲子的雙全紅茶，喝杯泡沫細緻綿密的紅茶，感受手搖茶創始店的魅力，體會在地的故鄉情。

將近70年的在地老店始終堅守在老巷弄之中

Info

雙全紅茶

臺南市中西區中正路131巷2號

（06）228-8431

11:00～18:00，週日店休

搭乘紅幹線、1、7、19、紅2號公車於中正西門路口站下車，步行1分鐘（約80公尺）

店面隱密的雙全紅茶是在地老饕聚集之處

許多遊客慕名而來排隊點茶

偶爾可見老頭家紅茶伯坐在店內，搖出一杯杯讓老臺南人記憶深刻的紅茶韻味

牆上掛著老頭家所寫的紅茶詩，用一杯好茶懷念青春少年時

走過近 70 年的歲月，店家依然堅持泡沫紅茶的傳統風味

在店內飲用以玻璃杯盛裝，外帶則分為紙杯和瓶裝，持舊瓶回購還可享有折扣

飯後人手一杯紅茶是當地午後常見的風景

08 中正商圈

對茶葉的堅持

茶經 異國紅茶

說到正興街最著名的紅茶店就屬布萊恩紅茶，不過今天巨鼠小姐要介紹的是在地內行人的心頭好——茶經 異國紅茶。

七年級生的年輕老闆從國外學成歸來，本身喜好品嚐紅茶，不過市售飲料店的紅茶常以劣質茶葉沖泡，甚至加了茶精等人工添加物，長期飲用有損身體健康，所以兄弟集資創立此店，單純為了提供一杯以精選茶葉煮出的健康美味紅茶。

店家不像一般飲料店混和不同產地的茶葉沖泡，而是嚴選正宗原產地茶葉，堅持使用陶壺煮茶，均勻的水溫讓茶葉可以釋放出最自然的香氣，採用少量多次的煮茶方式，就是為了讓來店的每位顧客都能品嚐到最新鮮的茶湯。

店家外觀

Info

茶經 異國紅茶

- 臺南市中西區西門路二段 179 號
- （06）221-1176
- 9:30 ～ 21:00
- 搭乘 2 號公車於郭綜合醫院站下車，步行 2 分鐘（約 150 公尺）；或 14 號公車於中正商圈站下車，步行 3 分鐘（約 200 公尺）

店內的飲品主要是各產地的紅茶，也有使用鮮奶調製的鮮奶茶系列，絕不使用奶精製作奶茶，大家可以放心飲用。不喝紅茶的朋友也能選擇每日限量供應的洛神烏梅，健康養生又好喝！

店家選用天然蔗糖搭配加拿大楓糖，熬煮出最適合的糖漿，讓消費者喝得到安心和健康，隨著茶品不同，糖漿的比例也會跟著調整，讓最合適的甜味帶出更棒的茶香。

下次來到正興街，不妨嚐嚐以陶壺煮出的異國紅茶，你會為店家的堅持感到驚豔不已！

煮茶用的各式陶壺，表面雕工細緻，不僅是煮茶器具，更是老闆的收藏品！

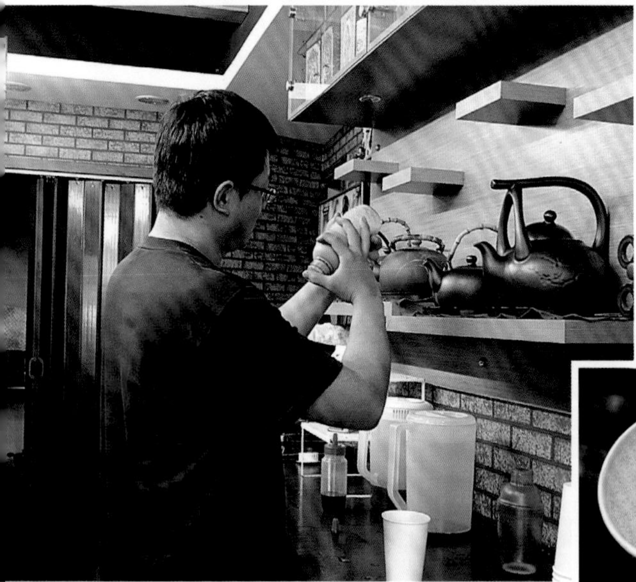

每一杯茶都是手搖現做，可以品嚐到細緻泡沫口感

專用的防滑隔熱杯套，豔麗的紅色十分討喜

使用洛神、烏梅、甘草、陳皮……等中藥材熬煮3小時以上而成的洛神烏梅是店家的限量商品

來到正興街，記得帶一杯正宗的手搖紅茶才不枉此行！

正統的顛布拉錫蘭紅茶味道甘醇，味濃而不苦澀，尾韻稍稍回甘

皇家伯爵紅茶帶有明顯的佛手柑香氣，皇家伯爵奶茶奶香醇厚，讓整體口感更加滑順

假日手創市集

淺草青春新天地

近期臺南最夯的景點就屬正興商圈，這裡有知名的超人氣店家：蜷尾家、布萊恩紅茶，每到假日排隊人潮滿滿，除此之外，這裡還有許多特色小店，隱身在正興街和國華街的巷弄之中，等待大家去發掘，整個正興商圈與鄰近的國華商圈、友愛商圈都可一起走逛！

淺草青春新天地（亦稱淺草商圈）是文創小物的集散地，其由來可追溯到日治昭和8年（1933年）日本人在西門市場周圍興建店鋪，稱為淺草商場，目前商圈內有服飾、小吃、手創商品……等常設店家，隔週假日更有西門淺草二手市集，在商場周邊可見許多造型花車展售二手用品或創意商品，偶爾配合不同主題舉辦特色市集，讓週末假日的淺草商圈更加活絡且充滿獨特性！

來到正興商圈，除了品嚐小吃、遊走正興街和國華街的巷弄小店，不妨走進淺草青春新天地內，能夠挖掘到不少寶物喔！

正興街在週末會以可愛的貓咪立牌封街舉辦活動

Info

淺草青春新天地

臺南市中西區國華街三段 26 號

（06）225-1702

午、晚市，每月第一、三個週六 14:00 ～ 16:00 舉辦二手市集

搭乘 2 號公車於郭綜合醫院站下車，步行 2 分鐘（約 150 公尺）；或 14 號公車於中正商圈站下車，步行 2 分鐘（約 150 公尺）

隱身在巷弄之中的小店

夜幕低垂，點亮路燈的街頭更加迷人！

夜晚的二手市集更增絢爛氛圍

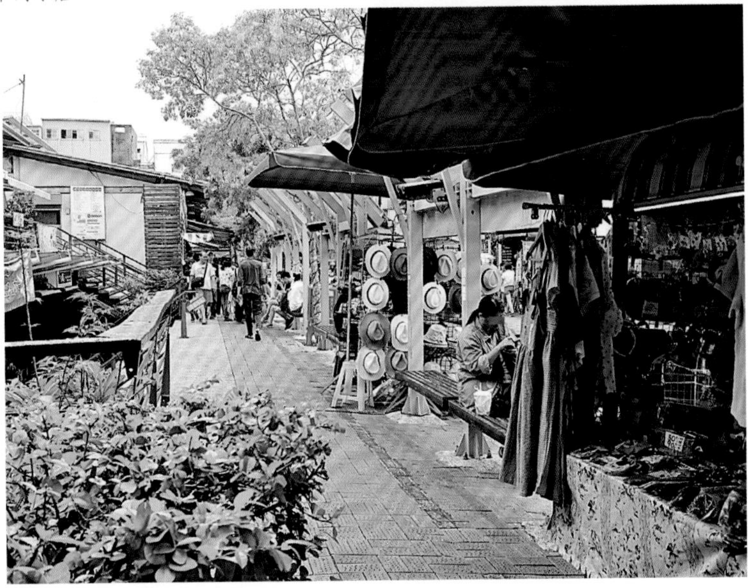

週末假日的二手市集

偶遇在商場入口處表演的街頭藝人，非常有趣！

地下一樓的中央廣場偶有慶典活動，不要錯過喔！

摔不壞的燈

愛迪生工業

臺灣的設計產業人才輩出，在臺南就有位很厲害的燈具設計師，他是愛迪生工業的創立者，現代的臺版愛迪生。73年次的古墨是在馬來西亞長大的臺灣人，原是水電師傅的他，除了是位燈具設計師，還是刺青師傅、炒飯專賣店老闆，更是擁有三個寶貝女兒的好爸爸。

愛迪生工業位於淺草新天地內，一旁是老闆經營的炒飯專賣店——飯賣人口

說到愛迪生工業的誕生，故事源於老闆的愛妻千惠，她在懷孕期間不幸罹癌，漫長的抗癌之路、沉重的經濟壓力讓兩人身心俱疲，有一天千惠因患病而造成的情緒不穩，摔壞了家裡所有的燈，在婚姻危機中，古墨以對妻子千惠的愛，創作出一盞摔不壞的燈，這就是愛迪生工業的由來。

Info

愛迪生工業

臺南市中西區國華街三段 16 巷 34 號

0970-585-443

9:00～20:00

搭乘 14 號公車於中正商圈站下車，步行 1 分鐘（約 88 公尺）

愛迪生工業
愛迪生工業創於2013年，
直接從製造商採購鐵管、管件及其他原材料，經由設計師的加工，將金屬製品，鑽孔、磨合、拋光，再進行完美的結合。而燈的設計上，加入了創新、獨特的元素，藉由傳統水龍頭開關，來控制燈的開啟和關閉。電結合了水的概念，讓燈具使用上樂趣加倍！神奇的地方是在具有獨特的工業風設計下，依然保有著高性能的特性。我們的設計有效的帶給大家，快樂的新奇的感受；手工製作的物品，用愈久愈有價值，同時可根據室內設計師和建築師的特定需求創建客制化的設計。

愛迪生工業的誕生源於老闆古墨對妻子千惠的愛

阿枝泡沫紅茶店

隱身在大菜市（西市場）的愛迪生工業，工作室就設在妻子娘家經營的寢具店一隅

愛迪生工業主要以鐵管材料創作燈具，使用各式水管、水龍頭搭配其他五金零件，加入自身的創意和設計，就是一盞盞摔不壞的工業風燈具。在經營炒飯專賣店之餘，老闆努力研發創意燈具，入圍了兩屆金點設計獎，更受邀到各節目展示其作品，充滿創意的手作工藝，獲得不少讚賞和支持，大家有機會不妨去挖寶唷！

愛迪生工業的多款創意造型燈具，吸引許多人駐足欣賞

店內販售的個性手作文創商品

琳瑯滿目的個性手作文創商品

老闆興奮地介紹著每樣手作文創商品，吉他音響、普普風積木音響都是他的創意

保安路商圈

吃臺南經典小吃，到這個商圈就對了，請掃QR code，各種經典小吃，從早到晚任你吃到飽。

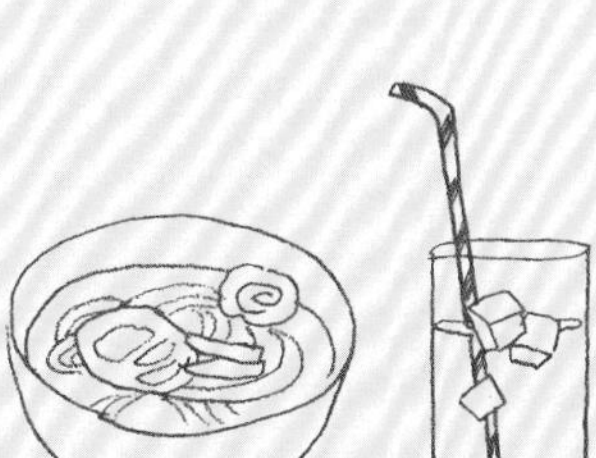

保安路地圖

傳承三代的甜蜜滋味

八寶彬圓仔惠

位於保安路和國華街口的八寶彬圓仔惠為經營50多年的傳統冰店，看到招牌可別誤會店家寫錯字，事實上這店名是取自老闆娘和先生的名字，紀念夫妻兩人相濡以沫之情，八寶冰是店家的人氣冰品，而手工圓仔是極受歡迎的配料，因此夫妻倆的名字+經典冰品+招牌配料就是店名「八寶彬圓仔惠」的誕生由來。

使用糯米純手工製作的圓仔是超人氣的招牌配料，經過冰鎮後的口感仍極為Q彈，軟硬適中還能品嚐到米香和糖水的甜蜜滋味！

店名取自老闆娘和先生的名字

天氣熱吃刨冰，天氣冷喝甜湯，店家提供近20種的配料，除招牌圓仔外，另有芋頭、粉圓、土豆仁、大紅豆、綠豆、鳳梨、仙草、粉粿……等，任君挑選。傳承三代的古早味看似平凡卻不簡單，下次來到保安路別忘了嚐嚐手工圓仔的懷舊滋味！

Info

八寶彬圓仔惠｜國華店

- 臺南市中西區國華街二段99號
- （06）226-3432
- 9:00～22:00，週一店休
- 搭乘6號公車於保安宮站下車，步行1分鐘（約70公尺）

人氣配料手工圓仔口感Q軟、彈性十足

平日晚間就有不少在地人上門光顧，飯後來碗傳統冰品就是最完美的甜點

招牌八寶冰配料豐富

細緻的冰花搭配店家自己熬煮的糖水，清涼直透心脾

古法蜜芋頭外緊實內鬆軟，品嚐起來芋香濃郁！

巨鼠小姐偏愛晶瑩剔透的粉角，在口中咀嚼時的彈跳感特別有趣！

煮到軟綿的綠豆保有顆粒狀，仙草清涼消暑！

府城傳統飯桌仔

阿娟咖哩飯

一到中午，阿娟咖哩飯總是擠滿用餐人潮，這就是飄香60年的老店魅力！

古早味咖哩飯是店家的招牌餐點，先將豬肉、紅蘿蔔、馬鈴薯以咖哩粉拌炒後，再加入高湯煮成咖哩醬汁，擁有濃郁的蔬果香甜，辛香料的味道被蔬果的甜味中和後口感溫和，連小朋友都能開心品嚐。

店家的下水湯和米血湯也是不容錯過的美味，湯頭可選擇有滿滿薑絲的原味清湯，或是帶有溫和中藥香氣的當歸湯。米血不軟爛、不黏牙的紮實口感嚐得到米香，收服許多饕客的胃。

阿娟咖哩飯走過60多年的歲月，傳承了三代的家常滋味是在地人喜愛的飯桌仔，來到臺南別忘了嚐嚐這讓人一再回味的庶民小吃。

推薦品項：咖哩飯、雞肉飯、下水清湯、當歸米血湯

Info

阿娟咖哩飯

- 臺南市中西區保安路 36 號
- （06）224-8134
- 11:00～21:00，週日店休
- 搭乘 6 號公車於保安宮站下車，步行 2 分鐘（約 120 公尺）

餐點品項寫在木牌上，銅板價的美味值得一嚐

店內的牆面述說著店家創業的歷史和故事

下水清湯分量多且脆口，搭配滿滿的薑絲好喝又暖胃

咖哩飯有著獨特的蔬果香甜滋味，讓人一吃就上癮！

巨鼠小姐偏愛加湯的米血，充分吸收湯汁精華的口感較為溼潤

點一碗當歸米血湯，一次就能品嚐到清雅的湯頭和紮實的米血

白飯上方舖滿手撕雞肉，淋上一匙雞油和特製的香菇醬汁，再加上一片黃蘿蔔，就是鹹甜古早味的雞肉飯

03 保安路

均一價黑白切

阿龍香腸熟肉

阿龍香腸熟肉和阿娟咖哩飯為鄰居，共用店前的桌椅，兩家的菜色可以互點共享。

創立於日治昭和5年（民國19年）的阿龍香腸熟肉，至今已有80多年的歷史，為傳承三代的黑白切老店，店家的切仔料豐富多樣，有蟳丸、粉腸、脆腸、鯊魚皮、鯊魚肉、魚蛋、蝦捲、香腸、糯米腸……等，另有多種季節蔬菜和肉燥飯可供選擇。

黑白切單純以滾水燙煮，呈現食材的原始滋味，店家特製的沾醬是美味的靈魂所在，使用知名品牌的醬油膏搭配黃芥末醬，甜鹹滋味帶些嗆辣感，除了提味、更增添一番風味！

阿龍香腸熟肉和阿娟咖哩飯相鄰，一次就能品嚐兩家美味！

Info

阿龍香腸熟肉

- 臺南市中西區保安路 34 號
- 0927-198-280
- 10:30 ～ 20:00，週一店休
- 搭乘 6 號公車於保安宮站下車，步行 1 分鐘（約 110 公尺）

價格均一的多種切仔料，方便點餐

沾醬是重要配角，甜鹹滋味帶些嗆辣，更添風味

魚蛋、香腸、糯米腸、涼筍、腱子肉，呈現食材的原始滋味，搭配店家特製的沾醬更加涮嘴！

04 保安路

收服臺南人的愛呷魂

阿鳳浮水虱目魚焿

虱目魚除了經常出現在臺南的鹹粥中，浮水虱目魚焿也是臺南在地人的口袋小吃，浮水魚焿的名稱源於入鍋滾煮時，一塊塊的魚焿會在水面浮起。

阿鳳浮水虱目魚焿創立於民國46年，店名阿鳳取自年邁頭家嬤的小名，店家現已傳承至第三代，為在地經營60多年的傳統好味道。

店家樸實的外觀

店家的特色是如水般透淨的白色焿湯，真材實料的虱目魚焿，製作時選用的是虱目魚肚和虱目魚背肉。師傅在每天早上將新鮮的虱目魚背肉攪打成漿，捏成粒狀的魚漿中間再包入虱目魚肚增加口感，百分百的虱目魚焿比起一般魚焿多了鮮濃味道，搭配老闆每天親自熬煮的焿湯，加上薑絲、香菜、烏醋，就是臺南人最愛的那一股酸甜滋味！

小小一碗虱目魚焿湯色清澈，只見白色的魚焿占據其中，點綴綠色的香菜與細長的薑絲，烏黑的香醋在碗內一角慢慢擴散，湯頭雖然濃稠，喝起來味道清甜，帶著烏醋的酸香，十分清爽！

Info

阿鳳浮水虱目魚焿｜臺南總店

臺南市中西區保安路 59 號

（06）225-6646

7:30 ～ 0:30

搭乘 6 號公車於保安宮站下車，步行 1 分鐘（約 90 公尺）

店內褪色的簽名字跡和略顯泛黃的藝人合照

由第三代接手經營的老店美味依舊

大湯鍋裡的虱目魚焿載浮載沉

虱目魚焿口感紮實，吃得到虱目魚肉的鮮美滋味

小小一碗焿湯有著滿滿的虱目魚

米粉麵可一次享用米粉與油麵的雙重口感

老店就只賣浮水虱目魚焿這一味，可選擇單純的焿湯，或是搭配油麵／米粉，米粉麵為臺南常見的老饕吃法，讓你同時品嚐到香嫩的米粉和軟滑的油麵。

阿鳳浮水虱目魚焿全天候供應，從早餐一直賣到宵夜時段，隨時都能來上一碗老臺南人所喜愛的浮水魚焿，品嚐那虱目魚的鮮甜滋味。

府城傳統甜品

阿卿傳統飲品冰品

阿卿傳統飲品冰品是保安路上人氣頗高的甜品老店，店家的手作杏仁茶香醇道地卻不甜膩，古早味的配方來自於阿卿嫂的堅持，遵循古法製作的杏仁茶選用上等杏仁和米一起熬煮，產生天然的濃稠度，而不是以太白粉勾芡而成，類似米糊的口感喝起來清爽不膩，杏仁滋味淡雅清香，無論冷熱飲都非常美味！

甜品中的糖十分重要，阿卿嫂店內使用的糖水為自行研發的黃金比例，嚴選三種糖類混合熬煮而成，店家所謂的三盆糖是指黑糖、二號砂糖、冰糖，黑糖的香氣＋二砂的甜味＋冰糖的清爽，三種滋味一次滿足。

第二代的傳承讓美食得以延續並注入新活力

店家堅持傳統風古早味

Info

阿卿傳統飲品冰品

- 臺南市中西區保安路 82 號
- （06）226-2799
- 14:00 ~ 23:00
- 搭乘 6 號公車於保安宮站下車，步行 1 分鐘（約 70 公尺）

夏季限定的綠豆饌製作費時費工，綠豆仁需先蒸再煮，才能讓綠豆仁煮得軟爛，而外觀仍保持顆粒感。一碗綠豆饌除了粒粒分明的綠豆仁，還有手工湯圓、芋頭、桂圓等配料，純手工的湯圓是每天早晨現做，使用臺東的蓬萊米研磨成漿，脫水後的粿粹再以手工揉製而成，湯圓口感極富彈性；嚴選當季的優質芋頭，口感綿密香氣十足，也是屬於季節限定款的人氣配料！

阿卿嫂的冰品也是夏季的人氣甜品，雪白的清冰淋上店家自製的黃金比例糖水，再選擇自己所喜歡的配料，杏仁豆腐、紅豆、芋頭、珍珠……，就是夏天的最佳消暑良伴。

來到越夜越美麗的保安路，走過熱鬧非凡的街巷，不要錯過阿卿傳統飲品冰品的紅色小攤車，點一碗人氣甜品，嚐嚐在地的傳統老滋味吧！

阿卿傳統飲品冰品的紅色攤車

招牌杏仁茶的天然濃稠感帶有杏仁的清香

杏仁茶搭配一根油條就是最正統的吃法

夏季限定的綠豆饌！

清冰淋上自製的黃金比例糖水，清涼解熱不甜膩

杏仁豆腐綜合冰的配料豐富，甜度適中

軟綿的紅豆保留顆粒狀外觀

香氣濃郁的芋頭口感綿甜鬆軟

自製的手工杏仁豆腐味道淡雅清香

手工湯圓的口感Q彈

06 保安路

在地人氣美食

阿川紅燒土魠魚焿

前面曾提到鄭記土魠魚焿的創始人開枝散葉，有不少後代都承襲家傳口味，在臺南各地販賣紅燒系的土魠魚焿，各店的味道或許不盡相同，經營理念和烹調手法偶有差異，但是傳承的理念不變，各具特色，各有其擁護者。

位於海安路上的阿川紅燒土魠魚焿也是鄭記的支系，值得一嚐，店家的餐點種類多樣化，除了基本的土魠魚系列，還多了炸魷魚、魷魚焿、魚頭、魚卵、魚肚，也有肉燥飯／麵可選擇。

紅燒系湯頭的色澤如霞，還可見些許紅蔥頭末漂浮著，加了大白菜一起熬煮，多了一股清甜滋味，若是不習慣臺南特有的甜味，不妨加些烏醋增添酸香風味，意外的清爽順口！

店家外觀

金黃色澤的炸土魠魚塊香氣誘人！

Info

阿川紅燒土魠魚焿

臺南市中西區海安路一段 109 號

（06）227-4592

10:00～21:00

搭乘 6 號公車於保安宮站下車，步行 2 分鐘（約 120 公尺）

土魠魚焿＋魚鬆肉燥飯＋土魠魚塊就是澎湃又滿足的一餐

店家特有的紅燒湯頭帶著紅蔥頭的獨特香氣

土魠魚焿可搭配麵／飯／米粉

單獨品嚐炸土魠魚塊，魚肉的鮮甜和外皮的酥香更加明顯

新鮮的土魠魚肉紋理分明

土魠魚塊的酥脆外皮吸附焿湯後口感溼軟

炸魷魚也是不容錯過的美味，金黃酥炸的外皮卡滋香脆，頗具厚度的魷魚口感Q彈，搭配特調的酸醋沾醬真的很讚！

加了魚鬆的肉燥飯，讓你一次品嚐到肥而不膩的肉燥及香氣滿溢的魚鬆

新鮮的炸魷魚厚度十足，搭配酸醋沾醬，爽脆不膩！

07

保安路

半熟鴨蛋的美味境界

集品蝦仁飯

走在臺南街頭，不難發現在地小吃常有集市效應，傳統老店尤其如此，因此嚐過阿川紅燒土魠魚焿，隔壁的集品蝦仁飯也不能錯過！

集品蝦仁飯為臺式料理手法的日式風味，深受在地人喜愛，蝦仁飯的每一顆米飯都充分吸飽湯汁，口感較為溼潤黏稠，柴魚的香氣明顯，濃郁的火燒蝦味伴隨而來，兩者融合的恰到好處！經過青蔥爆炒的火燒蝦仁帶有蔥的清香和微微的焦香，火燒蝦獨特的香氣迷人，讓你一吃就難忘。

蝦仁飯選用臺南在地的火燒蝦，香氣濃郁

除了集品蝦仁飯，海安路上還有另一家知名的矮仔成蝦仁飯，各有其擁護者，大家如果胃部空間還夠，不妨一次全納入吧！

Info

集品蝦仁飯

臺南市中西區海安路一段 107 號

（06）226-3929

9:30 ～ 20:30

搭乘 6 號公車於保安宮站下車，步行 2 分鐘（約 120 公尺）

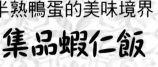

蝦仁飯＋半熟煎鴨蛋＋鴨蛋湯，
道地的臺南小吃組合

指定半熟的煎鴨蛋才是老饕吃法

將流淌而出的蛋液和米飯和在一起，感受那濃郁的蝦味，伴隨著柴魚香和鴨蛋香

鴨蛋湯有著雞蛋無法比擬的濃郁香氣，蛋花口感細緻滑嫩，日式柴魚湯頭又甜又香

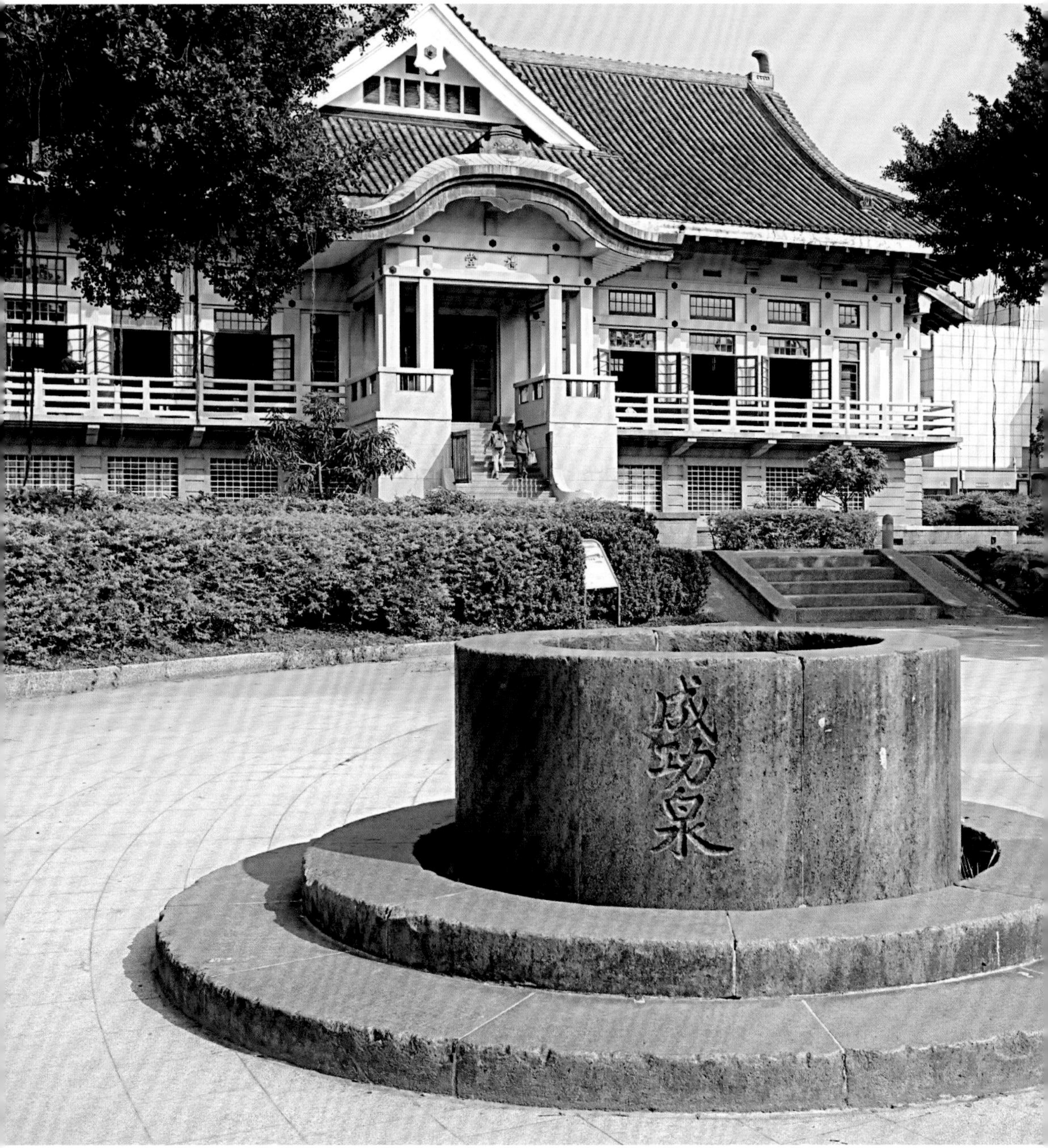
成功泉

Part 2

東區 美食小旅行

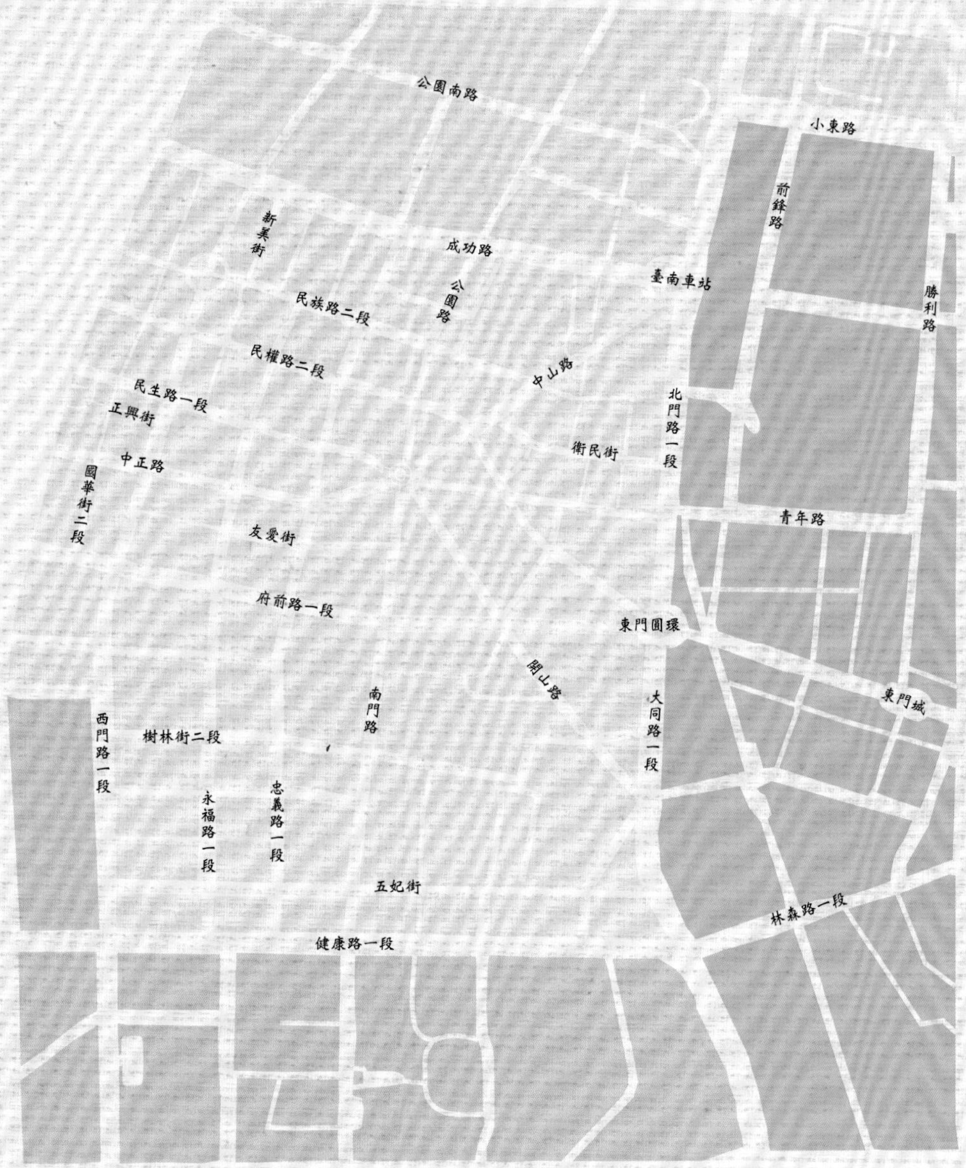
公園南路
小東路
新美街
成功路
前鋒路
臺南車站
公園路
勝利路
民族路二段
民權路二段
中山路
北門路一段
民生路一段
正興街
中正路
衛民街
國華街二段
青年路
友愛街
府前路一段
東門圓環
開山路
南門路
大同路一段
東門城
西門路一段
樹林街二段
永福路一段
忠義路一段
五妃街
林森路一段
健康路一段

銅板價手工甜品

黑工號嫩仙草

黑工號嫩仙草為成功大學附近知名的甜品店，真材實料加上便宜又大碗，讓店家晉升為學生心目中排名第一的銅板價美味。老闆每天親自熬煮黑色的仙草，故將店名取為黑工號，每天現作的仙草色澤黑亮，口感像布丁般滑嫩又清新爽口，在酷熱的夏天品嚐非常消暑，而寒冷的冬天來杯熱仙草也非常暖胃！

店內的甜品名稱充滿創意，以知名電影或動漫人物命名，例如：復仇者聯盟，綠巨人浩克，卡卡西……等，非常有趣呢！每項甜品的配料不盡相同，純手工製作的芋圓、地瓜圓口感Q彈，富含嚼勁，還能品嚐到芋頭和地瓜的天然香氣，是超人氣的限量配料。嫩仙草一般是搭配奶油球，

店家外觀

Info

黑工號嫩仙草

臺南市東區育樂街 185 號

（06）200-3970

12:00 ～ 22:00，週三店休

搭乘 77、99、99 區間路線公車於香格里拉飯店站下車，步行 4 分鐘（約 350 公尺）

也能加價升級為鮮奶，滑嫩清爽的黑仙草搭配乳香四溢的鮮奶，以及滿滿的多種手工配料，是超級美味又飽足的甜品喔！

成大商圈的巷弄美食，價位平實的美味甜品，帶給你平凡又滿足的甜甜感受！

店內布置

復仇者聯盟1號集結所有人氣配料，芋圓、地瓜圓Q彈，紫米香濃，芋頭綿密，西米露咕溜，多重享受，大大滿足

每日手工製作的芋圓、地瓜圓

芋圓、地瓜圓口感Q彈，香氣淡雅

綠豆沙牛奶有著沙沙的口感和粗細的碎冰顆粒

卡卡西6號內含嫩仙草、西米露、芋頭、珍珠，整體口感豐富，清爽飽足！

可加價升級為鮮奶，讓仙草更添濃郁乳香

02 東區

元氣飽滿的人生勝利組

勝利早點

勝利早點擁有50多年的歷史，在成功大學和臺南一中的師生心中占有一席地位！雖然名為早點，但其營業時間為晚上五點到隔天早上十點，無論是早餐、晚餐或宵夜時段都可前往品嚐，距離臺南火車站後站約10分鐘的步行距離，外地旅客也能輕鬆享用！

位於騎樓下的店家提供許多中西式餐點，店內的白鐵層架檯面擺滿製作好的溫熱餐點，還有好幾位阿姨、大姐不停地揉著麵團，在煎檯前煎著蛋餅，如果是初次到訪不知道怎麼點餐，也可詢問在煎檯旁忙著的熱情大姐們。

除了一般的豆漿、燒餅、油條、蛋餅、蘿蔔糕等中式餐點，另有許多西式餐點如漢堡、法國土司等，多樣化的餐點選擇，滿足了每位學生對早餐或宵夜的不同需求！店家還有一道隱藏餐點，稱為「勝早全餐」，意思就是把勝利早點菜單上的所有餐點都點上一輪，巨無霸的超大分量，若非多人一起共享，切勿輕易嘗試！

店家外觀

Info

勝利早點

臺南市東區勝利路 119 號

（06）238-6043

17:30 ～ 10:00

搭乘 6 號公車於成大會館站下車後，步行 2 分鐘（約 120 公尺）

檯面上擺滿了各式餡餅、燒餅和蛋餅，種類多樣

鹹豆漿有著獨特的鹹酸滋味，加些辣椒更是一絕！

任意選取自己喜歡的餐點就是澎湃的一餐，銅板價格分量十足

剛出爐的豬肉餡餅燒燙多汁，小心燙嘴！

煎餃大顆又飽滿，肉餡鹹香，也是學生的最愛

03 東區

萌貓與你有約

貓吐司堡專賣店

貓吐司為臺南市區少見的貓咪中途之家，老闆結合餐飲夢想和對貓咪的熱愛，創立專賣熱壓吐司的輕食餐廳兼貓咪中途之家，也因此被成大學生暱稱為貓老闆。

店內環境舒適，擁有整櫃的漫畫書，讓來店的客人在享用美味的餐點之餘還能重溫學生時代，輕鬆地度過閒暇時光。後方的空間則採用日式榻榻米的設計，需要脫鞋入座，選擇和式座位區可更加愜意地享受在貓吐司的用餐時光！

店家外觀

Info

貓吐司堡專賣店

臺南市東區大學路 22 巷 16-1 號
（06）236-0223
7:30 ～ 20:00
搭乘 77、0 左、0 右路線公車於長榮大學路口站下車，步行 2 分鐘（約 120 公尺）

內用座位區

和式座位區

一旁有整櫃的漫畫書

貓咪周邊產品展售

店家也時常舉辦流浪貓救援計畫和動物平權協會的相關講座，對於推行動物保護等公益議題不遺餘力，店內還有貓咪相關的文創商品展售，部分收入捐助動物平權協會，作為公益基金來源。

日式座位區旁邊設置了貓屋，使用透明玻璃區隔，讓人可以一邊用餐、一邊觀察貓咪的生活型態，作為救助流浪貓咪的中途之家，可以看到一旁的籠子裡有好幾隻小貓正在進行投藥治療。

店家的部分收入用於貓咪中途之家，並熱心支持公益團體，喜歡貓咪也愛吃美食的人，不要錯過這間位於成大商圈的巷弄好店！

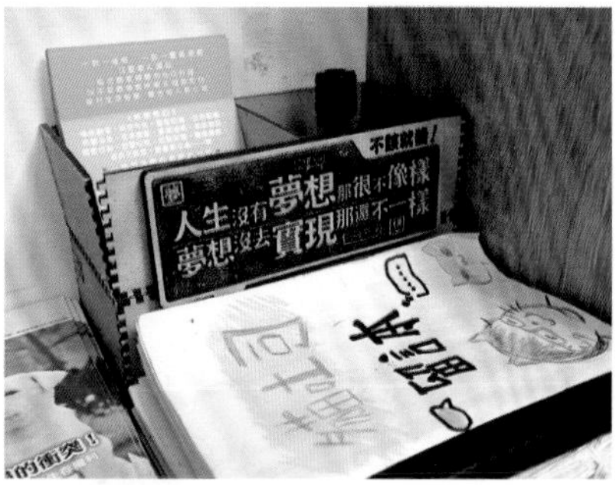

與店家互動的留言本

店家使用的杯子也有貓咪圖案

開放式的貓屋設計可觀察貓咪生活型態

香濃起司A套餐包含格子薯和飲料

香氣淡雅的熱抹茶拿鐵有著漂亮拉花；古早味的冰貓眼紅茶甜香沁人

抹茶吐司口感Q軟

貓蹼漢堡肉D套餐豐盛又有飽足感，現做的貓蹼漢堡肉使用當天的臺南溫體豬肉，厚度十足

04 東區

小店大人氣

冰ㄉ・かき氷

冰ㄉ・かき氷是風靡學生社群的人氣冰店，外觀低調，店面小巧，整面的落地門窗在陽光照射下更加明亮！店內只有一長排的吧檯座位，約可容納七人，簡約的日式風格呈現幽靜氛圍。除了冰品，另有鍋燒麵、厚片土司……等選擇，餐點價位平實，深受學生族群喜愛！

店家的招牌冰品為麵茶湯圓冰，讓你嚐到古早味的麵茶香和手作湯圓的Q彈滋味。季節水果冰可以吃到多種當季的新鮮水果；抹茶系列冰品有著濃郁的抹茶滋味，讓抹茶控愛不釋手。每到夏天的芒果季、冬天的草莓季，還會有季節限定的芒果冰和草莓冰，都是不容錯過的美味冰品喔！

長吧檯的扭蛋和公仔可供顧客擺盤合照

店家外觀

Info

冰ㄉ・かき氷

臺南市東區崇善路 155 號

0974-027-042

11:00 ～ 20:00

搭乘 3 號公車於東區區公所站下車，步行 3 分鐘（約 240 公尺）

麵茶湯圓冰的傳統麵茶滋味讓人驚豔！

葡萄清冰使用的是店家自己熬煮的新鮮葡萄醬，擠上檸檬汁後迸出奇妙的酸甜新滋味

抹茶混奶紅豆冰
充滿日式風情

口味多樣的華麗冰品超吸睛，
讓人愛不釋手

05 東區

復古日系洋菓子
Kadoya 喫茶店

Kadoya 喫茶店為臺南知名的日式洋菓子店，從其臉書專頁（Facebook）可知店家有許多獨樹一格的特色，例如：不堅持傳統作法、不強調客人至上、不能訂位、也不能指定座位、不主動提供茶水、不收服務費、不提供插座和 wifi，獨特的介紹讓人莞爾一笑。最大的特色則是全店商品皆為蛋奶素，因某些商品含有酒精，故又稱為環保素，是一家以環保愛地球為訴求的特色甜點店！

店家的外觀復古，內部為70年代昭和風格，散發濃厚日式風情，環狀吧檯為知名空間設計師金太郎的作品，懷舊方桌和皮製旋轉椅充滿臺灣早期的西餐廳味道！

店家的外觀復古，夜晚黃燈閃爍更顯溫暖

老闆因興趣到日本學習甜點製作，歸國後根植臺南販售自己所喜愛的各式甜點，商品種類多樣，口味隨機推出，有蛋糕捲、可麗露、烤布丁、法式馬卡龍、甜派、小蛋糕……等，獨特的日式風味深受在地人喜愛，因店內座位有限，如遇客滿也可選擇外帶品嚐喔！

Info

Kadoya 喫茶店（カドヤ）

- 臺南市東區樹林街一段 36 號
- （06）200-3434
- 平日 13:00 ～ 20:00，週末 13:00 ～ 22:00，週二店休
- 搭乘紅幹線、3、8050、紅 1、紅 2 路線公車於東門教會站下車，步行 3 分鐘（約 260 公尺）

店內充滿日式懷舊風情

店家不主動提供茶水

熱飲使用保溫效果佳的 Kocaco 不鏽鋼壺盛裝

外型可愛的草間彌生口感溼潤，帶有杏仁風味

各式精緻甜點

香草拿鐵喝得到咖啡的香醇和淡淡的香草糖漿滋味

香氣濃郁的焦糖可可歐雷有著誘人的香甜滋味

精緻美味的甜點值得一嚐

生乳酪西納蒙的莓果酸香與乳酪的酸味融合恰到好處

抹茶乳酪塔多層次的口感微苦甘甜，奶油擠花乳香濃郁

皇家蘋果茶的香氣舒服迷人

野火烤布蕾炙燒後的焦糖嚐起來香脆甜蜜

06 東區

自助點餐樂趣多

天滿橋洋食專賣店

餐點多樣化的天滿橋洋食專賣店，除了各式蓋飯、丼飯、定食、咖哩，還有日式煎餃可選擇，另有多種配菜，美味平價，很受歡迎，使用日本常見的自助點餐機，想吃什麼自己點，快速又便利！

店家外觀

Info

天滿橋洋食專賣店

- 臺南市東區林森路二段 121 號
- （06）236-6008
- 11:30 ～ 13:30，17:00 ～ 20:30
- 搭乘 6 號公車於崇誨新村站下車，步行 3 分鐘（約 200 公尺）

店內設有小菜、味噌湯與日式麥茶的自助吧，提供無限享用的服務。日式煎餃為來店必點的品項，漂亮的雪花煎餃吃起來外皮香脆、內餡多汁，可單點或加價升級套餐時點用。店家的丼飯也是熱門餐點，分量不小，偶爾還會推出新的餐點或限期供應的特餐，像是激熱岩融牛排丼，使用特選的板腱肉，用鑄鐵鍋以大火乾煎表面鎖住肉汁，白飯上鋪滿肉味豐富又多汁的骰子牛肉，搭配雙色起司和香甜洋蔥，保證讓你一口接一口，停不下手！

店內布置充滿和風元素

自助點餐增添樂趣

居酒屋風格的吧檯座位

湯品、小菜和茶飲的自助吧

炙燒囍海陸丼有著滿滿的炙燒牛排＋炙燒比目魚＋鮭魚卵＋明太子，一次享受海陸雙重美味

豬排蓋飯有著酥軟的厚切豬排，相當有飽足感

激熱岩融牛排丼讓你品嚐到香嫩多汁的骰子牛肉

日式炸雞定食嚴選去骨雞腿肉，酥脆多汁！

半熟玉子（溏心蛋）的口感濕潤，十分入味

黃金脆皮麻糬的口感香脆又Q軟，沾上滿滿的花生糖粉和煉乳，香甜誘人！

給人雪花般視覺美感的日式煎餃外皮香酥、內餡多汁

人氣伴手禮

07 東區

低調的火紅甜點

狸小路手作烘焙

狸小路手作烘焙為臺南的人氣蛋糕店，店家堅持健康的美味訴求，在製作時減少糖分和油脂的添加，讓產品呈現原有的天然滋味，擁有一群死忠的顧客！

各式蛋糕每天限量供應，強烈建議一定要事先預訂，店家主打的千層蛋糕有切片組合或單一口味的8吋蛋糕，獨創的長頸鹿／豹紋巧克力千層是高人氣的來源，以香濃巧克力醬搭配不膩口的鮮奶油內餡，與眾不同的外表風靡全臺；切片組合則是每週更換搭配，不能自行挑選口味，含季節限定的千層蛋糕一共會有四款人氣口味，是臺南最新的熱門伴手禮推薦！

想一嚐美味又漂亮的千層蛋糕嗎？來到臺南，狸小路手作烘焙肯定可以滿足你的甜點魂！

綜合千層組合內含四種人氣口味，每日限量供應，務必事先預訂

豹紋巧克力千層是店家的人氣款商品

Info

狸小路手作烘焙｜旗艦店

臺南市東區裕學路 12 號

（06）290-9702

10:00 ～ 21:00

搭乘 6 號公車於裕農三街站下車，步行 1 分鐘（約 250 公尺）

原味香草千層香氣淡雅迷人

最新推出的彌月初雪蛋糕，限定款的輕乳酪蛋糕有原味、可可兩種，口感綿密誘人

吸睛程度百分百的可愛禮盒與提袋

長頸鹿千層以苦甜巧克力加入鮮奶油製成奶油餡，口感微苦不甜膩

太妃焦糖千層吃得到焦糖和牛奶糖的香甜

店家的招牌小路玩偶

旗艦店多了可愛的小鱷玩偶

旗艦店氣派寬敞並設有內用區，免費提供麥茶／蘋果花茶，可自行取用

08

東區

在鐵道邊大啖小酌

府城騷烤家

府城騷烤家於 2009 年開業至今將近十年，年輕老闆堅持使用純淨天然的岩鹽，搭配串燒手法以木炭慢烤提升食物的鮮甜，獨特的鹽烤方式在臺南的燒烤界闖出一片天。

店家不只提供燒烤，還有不少鍋物和小炒可供選擇，不但深受臺南民眾的喜愛，連國際知名導演、飯店主廚都曾慕名而來，報章媒體也特別以專欄報導！

除了菜單上的餐點，也可到烤爐旁的冷藏櫃前挑選串燒食材，如果你是單獨一人前往用餐，或是特別偏愛炒飯，巨鼠小姐推薦櫻花蝦蛋炒飯，裡面有青蔥、洋蔥、蒜頭、

年輕老闆在臺南的燒烤界闖出一片天

Info

府城騷烤家

臺南市東區前鋒路 126 號

（06）237-7099

18:00 ~ 1:00

搭乘 77、99、99 區間路線公車於香格里拉飯店站下車，步行 5 分鐘（約 400 公尺）

碩大且肥美的鮮烤生蠔

加上鹹蛋黃爆炒的金沙豆腐口味鹹香

店家外觀

雞蛋以及滿滿的櫻花蝦，炒飯吃起來粒粒分明，伴隨著洋蔥的甜與脆，櫻花蝦則增添了炒飯的香氣，些許的胡椒及鹽巴調味恰到好處！

店家另有一道獨特的燒烤料理——醬烤油條，嚐起來口感酥脆不油膩，上面塗抹的特調醬汁烤乾後有著鹹甜滋味，撒上白芝麻就是店家超推薦的下酒菜。

鍋物部分的人氣選擇為蒜頭雞，在寒冷的天氣點一鍋，不但暖胃又暖身，裡面有滿滿的蒜頭和雞肉，蒜頭熬煮得非常軟爛，入口即化，精華完全融入湯中，喝起來非常清爽！

來到臺南不妨也體驗一下與三五好友一起在夜間品嚐露天燒烤和美味小炒的樂趣喔！

各式串燒食材

全臺首創的醬烤油條

特製鹹豬肉肥瘦適中，鹹香軟嫩

滿滿櫻花蝦的蛋炒飯美味又飽足

鹽烤豬肋排的焦香滋味誘人，吃得到大塊肉感，骨邊肉更是越啃越香

鹽烤甜不辣烤到表皮微微焦酥不乾柴

特級秋刀魚的肉質飽滿溼潤，吃得出店家的燒烤功力

整個鍋裡都是滿滿的蒜頭和雞肉

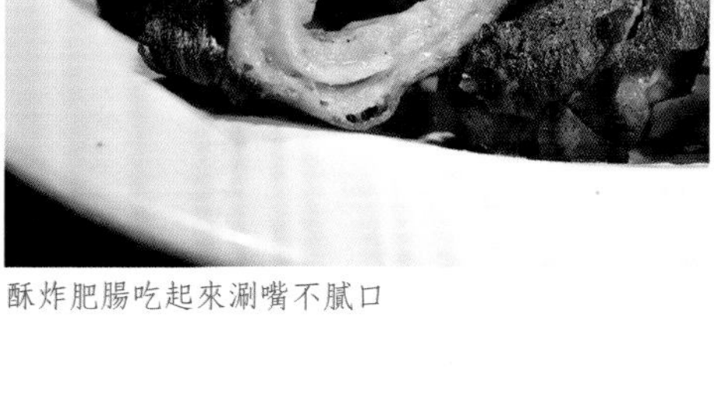

酥炸肥腸吃起來涮嘴不膩口

Part 3

北區 美食小旅行

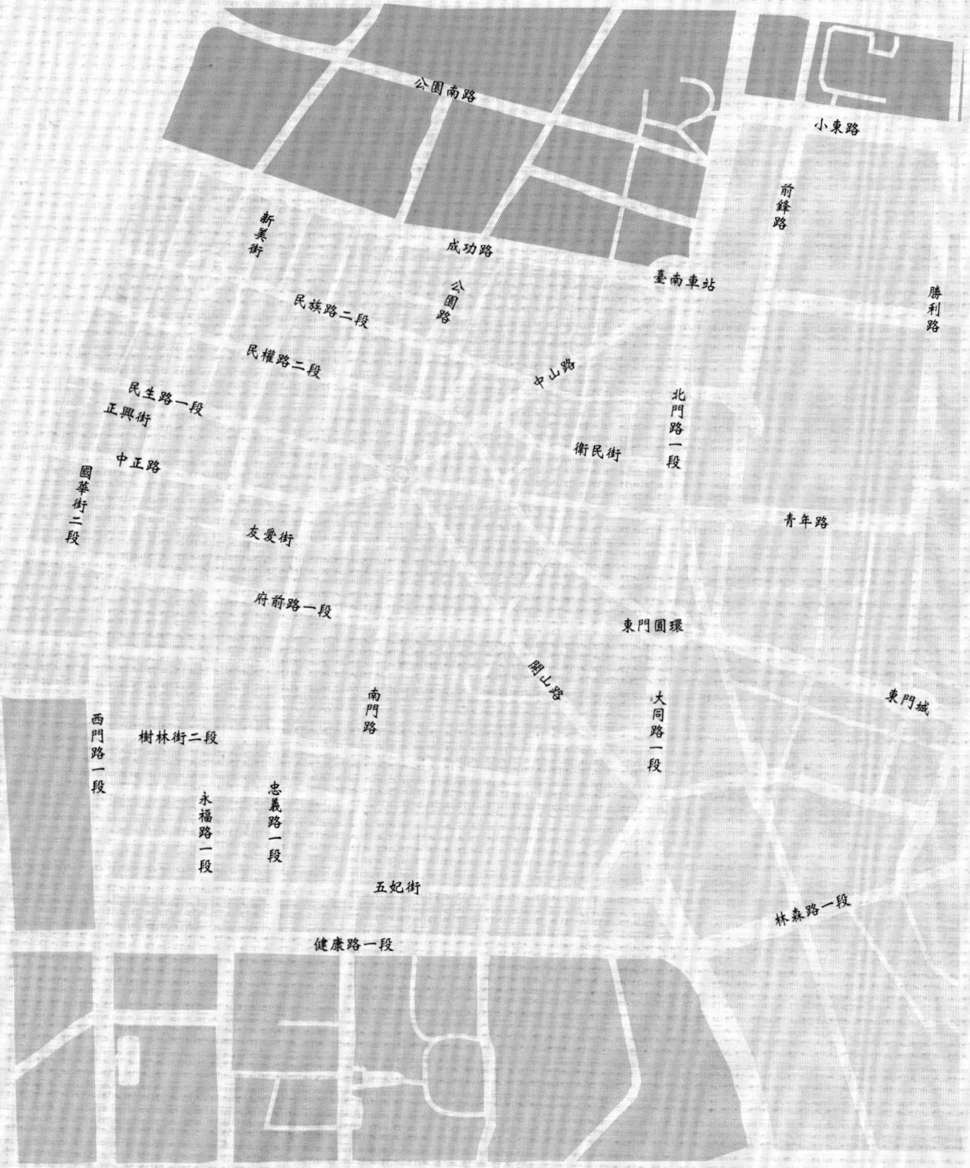
公園南路
小東路
前鋒路
新美街
成功路
臺南車站
公園路
民族路二段
勝利路
民權路二段
中山路
民生路一段
正興街
北門路一段
衛民街
中正路
國華街二段
青年路
友愛街
府前路一段
東門圓環
開山路
南門路
大同路一段
東門城
西門路一段
樹林街二段
永福路一段
忠義路一段
五妃街
林森路一段
健康路一段

01 北區

每日限量現做
生哥豆漿店

生哥豆漿店是許多成功大學師生和中年級臺南人的回憶，店家曾經搬遷過三次，其間還歇業了兩、三年，懷舊的傳統滋味卻還是讓人念念不忘，每次重新營業都會讓老顧客趨之若鶩，趕緊跟著到新地點去品嚐思念的好味道。

位於文成一路旁的生哥豆漿店，進門的左邊為料理臺，可看到餐點現場製作的過程，幸運的話還能見到生哥本人在店內製作著一根根油條呢！瞧生哥用雙手一捻一拉，油條細長的雛

各種傳統中式麵餅、甜甜圈，每日現做，限量供應

Info

生哥豆漿店

臺南市北區文成一路 148 號

7:20 ～ 12:30，週二店休

搭乘 11 號公車於文元國小站下車，步行 6 分鐘（約 450 公尺）

每日不定時上演油條製作秀，現炸的油條最美味！

形就出現，再利用鐵桿將細長的麵團分成兩股，放入鍋中油炸，不消幾分鐘，待麵團膨脹，顏色變得金黃，新鮮的油條就起鍋囉！

燒餅油條讓你同時品嚐到燒餅的麵香和現炸油條的酥脆，每日手擀現做的燒餅雖薄卻香，餅皮特殊的麵香搭配上面的白芝麻，讓人越嚼越香越涮嘴，店家提供客製化選擇，無論夾油條或蔥蛋享用都是一絕！

生哥豆漿店的蛋餅不是一般西式早餐店的酥嫩口感，而是類似眷村獨有的傳統蔥油餅滋味，剛煎熟的蛋餅讓你一口咬下就聽到卡滋聲，其酥脆口感讓人驚豔！

來到生哥豆漿店什麼都想點該怎麼辦？這裡有超豐盛的組合：燒餅內夾著蛋餅、油條和蔥蛋，誇張的厚度一次就把店家的招牌餐點都囊括其中。

來到臺南就要當一隻早起的鳥兒，才能嚐到早晨限定的傳統美味，眷村正統的麵食手藝，每日現做的好味道只要銅板價，你說怎能不嚐嚐？

熱騰騰的手工油條是老饕必點的傳統美味

燒餅油條加蔥蛋是內行的雙重美味吃法！

酥脆誘人的蛋餅

燒餅油條＋蛋餅＋豆漿等於飽足感十足的懷舊美味！

02 北區

古法夯烤超人氣

福州香胡椒餅

在西門路三段靠近公園南路的地方，到了下午時段就會聞到路旁飄來陣陣香氣，大陸福州口味的福州香胡椒餅遵循古法夯烤，除了招牌的胡椒餅，販售的品項還有鹹口味的咖哩餅，以及甜口味的紅豆餅、芋頭餅、綠豆椪餅，甜口味素食者也可享用。

全品項皆為老闆夫婦兩人現場製作，過了中午就要開始揉麵團，一顆顆純手工製作的圓圓麵餅，依序貼到特製的窯桶內壁上夯烤，餅皮的香氣隨著高溫慢慢飄散出來。

胡椒餅帶著獨有的碳烤焦香，酥脆口感帶有麵團的韌性，豬肉內餡溼潤多汁，有著黑胡椒的辛香和蔥段的清甜爽口，趁熱品嚐小心爆漿和燙口喔！每天限量製作，大家可要抓緊出爐時間前往，才能順利品嚐到這好滋味！

店家外觀

Info

福州香胡椒餅

- 臺南市北區西門路三段 107 之 1 號
- 0921-218-578
- 13:30 ～ 19:30，週日店休
- 搭乘 7、11 號公車於民德路口站下車，步行 1 分鐘（約 50 公尺）

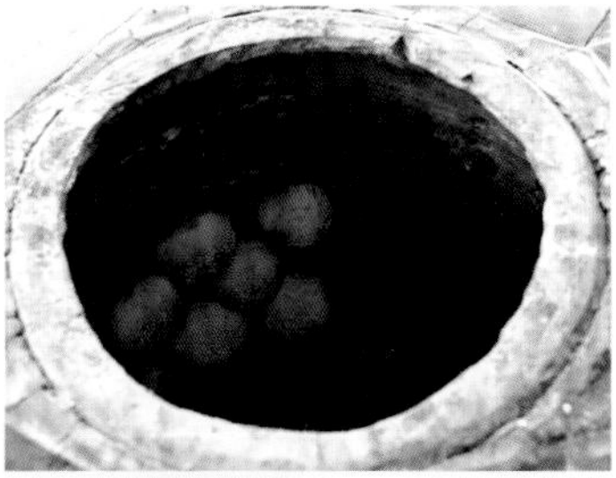

剛出爐的胡椒餅散發迷人的香氣，讓人垂涎三尺

胡椒餅和咖哩餅利用黑、白芝麻來標記區分，相當有趣

招牌胡椒餅鹹香涮嘴

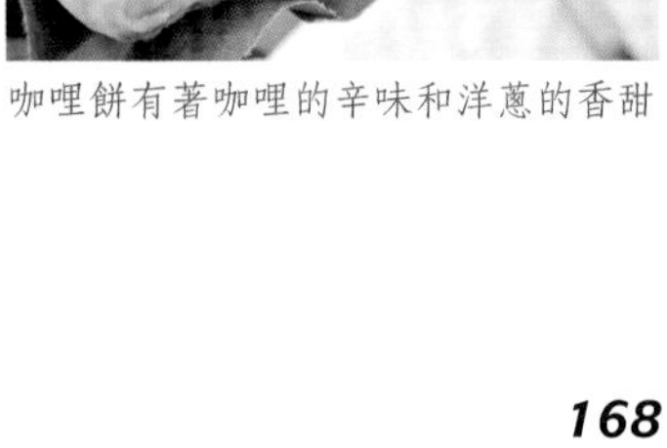

咖哩餅有著咖哩的辛味和洋蔥的香甜

人氣伴手禮

03 北區

百年煎餅老店
連德堂餅家

說到臺南的傳統糕餅，有間享譽全臺的百年煎餅老店——連德堂餅家，藏身於北區的蜿蜒巷弄中，店面的位置超隱密。每日限量供應的手工煎餅，每人每次僅限購買兩包，太晚去可是會買不到。

連德堂餅家的歷史悠久，由蔡氏兄弟創立於日治時期，目前已傳承到第四代，曾經短暫歇業，後來禁不起民眾的要求而重現江湖。店家外觀維持老厝的模樣，很有古意，偶爾可見到現場製作煎餅的過程：人工倒入麵糊，一腳控制踏板讓老機器轉動，不斷翻動著煎盤，是非常難得的經驗。

店內一隅有著歷代頭家的歷史影像和報章媒體的報導

純手工製作難以應付民眾的需求，莫怪店家限制客人一次只能購買兩包，親自到現場排隊就知道這一包煎餅得來不易，為了讓更多人能品嚐到這百年工藝，只能採取限量販售。

店家販售的品項頗多，每天現

Info

連德堂餅家

臺南市北區崇安街 54 號

（06）225-8429

8:00 ～ 14:00（售完為止）

搭乘藍幹線、0、21 路線公車於民德路口站下車，步行 3 分鐘（約 220 公尺）；或 11 號公車於忠義路口站下車，步行 4 分鐘（約 300 公尺）

古厝的外觀很有懷舊味道

現場提供煎餅試吃

場供應的手工煎餅有兩種：味噌煎餅和雞蛋煎餅，花生、海苔、芝麻口味的煎餅只能事先預訂。另有不限量的品項：蛋黃芝麻酥、麻荖／花生荖／杏仁荖，也有綜合口味，讓你一次就品嚐到全系列。

原味煎餅就是雞蛋煎餅，戰後為了吸引駐臺的美軍購買，還將店家的英文名烙印在煎餅上，硬實的口感吃得到雞蛋香和乳香，是樸實的古早味；味噌煎餅是老厝的屋瓦造型，長條狀的立體U字形，口感較為薄脆，可品嚐到獨特的味噌風味。

幸運的話可見到手工煎餅的製作過程

另有多種古早味點心販售

味噌煎餅和原味煎餅

味噌煎餅呈現復古的屋瓦造型，模樣少見

雞蛋煎餅上有著店家的英文名烙印

人氣伴手禮

04 北區

一出爐就秒殺

葡吉麵包店

說到成功路上的葡吉麵包店，最大的特色便是一出爐就被秒殺的羅宋麵包，以及全臺唯一聘請警衛指揮交通的麵包店。

每天一到下午兩點的出爐時間，葡吉麵包店外就會湧現購買麵包的人潮和車潮，店內也被人群擠得水洩不通，店家太受歡迎導致臨停車輛影響交通，只好聘請警衛專職交通指揮和停車導引。

讓葡吉麵包店風靡臺南的主因就在於店家的羅宋麵包，金黃色澤閃耀著油光，外形圓潤且飽滿，沿著表面切口展開的層次，散發著濃郁的香氣，每到出爐時間總會造成搶購。光滑的外皮帶著酥香，一口咬下裡面是細緻柔軟的麵包體，口感溼潤帶著奶油的鹹香，咀嚼的同時，麵包的香氣和濃郁的奶油滋味更加強烈，往往讓人一吃就停不下來。

店內還有其他多款麵包，都是不容錯過的美味，來到臺南除了品嚐小吃，別忘了葡吉麵包也是超夯的伴手禮喔！

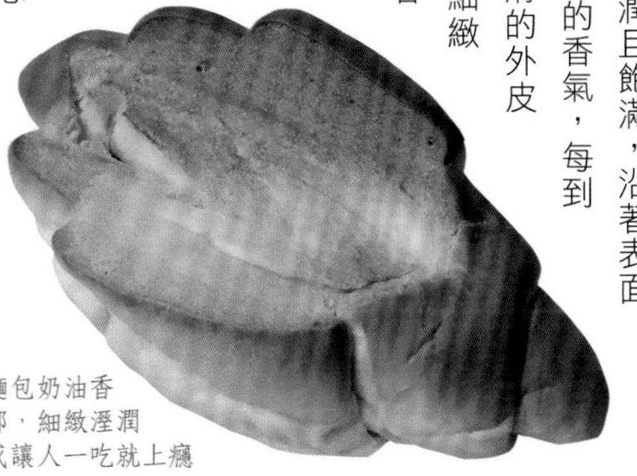

羅宋麵包奶油香氣濃郁，細緻溼潤的口感讓人一吃就上癮

Info

葡吉麵包店

臺南市北區成功路 200 號

（06）226-3593

8:00 ～ 21:00

搭乘 18 號公車於成功國小站下車，步行 1 分鐘（約 100 公尺）

店家外觀

包裝紙袋很有質感，印有臺南著名的古蹟地標，送禮大方

店家另有多種美味的麵包可供選擇

05 北區

超可愛拉花飲品

性格せいかく

性格せいかく位於安靜巷弄中，門外黑板上寫著充滿溫暖的字句，踏入店內時間流動顯得緩慢，十分寧靜，說話輕柔的店員告知建議座位，遞上一本精緻的手繪菜單後便不再打擾。菜單的手繪圖案多了幾分溫度，瞬間讓人感受到店家想要傳達的態度，是一家無形傳遞正面思想的溫暖小店。

性格せいかく提供簡單的餐點，有清爽的蔬果涼麵和熱壓三明治，三明治有著滿滿內餡，起司牽絲滋味鹹香，無論是搭配口感香脆的法式香腸，或是帶有濃郁花生香的起司蛋，都是吃好又吃巧的輕食。不能錯過的還有店家的拉花熱飲，點一杯熱拿鐵，送上桌時有著可愛迷人的卡通拉花，粉彩色系的點綴讓你的心暖了起來，嘴角掛起淺淺的微笑！

如果你想要慢遊臺南，享受心的寧靜與府城的時光慢流，性格せいかく推薦給你，一處時光緩慢流轉的寧靜咖啡屋。

店面位於巷弄內的老屋，木製門框帶給人溫暖的感受

Info

性格せいかく

- 臺南市北區成功路 68 巷 4-5 號
- （06）223-3330
- 9:00～15:00，週末至 16:00，週四店休
- 搭乘 18 號公車於大道公廟站下車，步行 1 分鐘（約 100 公尺）

舒適安靜的用餐空間

店內一隅

牆上貼滿了老闆的旅遊紀事

新鮮蔬果涼麵吃起來格外清爽

可愛的卡通拉花吸引許多文青前往朝聖！

餐點以熱壓吐司和飲品為主，另有限時供應的簡單飯食

各式熱壓吐司輕食

06 北區

成大師生的最愛

老友小吃店

提到老友小吃店，成功大學的師生可熟悉了，宛如自家廚房一般，許多學生不論午餐、晚餐時段都會到這飽餐一頓。不只是在地人喜愛，連國際大導演李安回到臺南也愛到這光顧用餐呢！

店家外觀

老友小吃店開業至今已40多年，不起眼的外觀，第一眼給人一種尋常麵店或炒飯店的印象，要不是看到店家人氣滿滿，你很難知道這間店可不簡單。

雖然名為小吃店，但是店家提供的餐點品項甚多，不只有炒飯、麵類和水餃，沒想到連火鍋、家常小炒都有，甚至連辦桌的桌菜，店家也能為你準備。

來到老友小吃店必嚐的有炒飯和水餃，店家炒飯功夫了得，大火快炒出來的炒飯是粒粒分明，而且鹹香入味，分量也多；手工製作的水餃皮薄餡多，裡頭的肉餡還帶有湯汁，飽實又多汁的口感，讓人一點就是從十個起跳。

Info

老友小吃店

臺南市北區勝利路 268 號

（06）235-7564

10:00 ～ 21:30

搭乘 5 號公車於勝利北路站下車，步行 1 分鐘（約 80 公尺）；或 0 號公車於開元國小站下車，步行 3 分鐘（約 240 公尺）

鮮肉高麗菜水餃比一般水餃略大，嚐起來皮薄有彈性，內餡飽滿多汁

櫻花蝦炒飯

養生茴香水餃

丹荖鹹魚雞丁炒飯有著滿滿炒料，鹹香誘人！

櫻花蝦炒飯有著滿滿的櫻花蝦，蛋末炒得細緻，讓你每一口都嚐得到Q彈米飯＋鹹香櫻花蝦＋金黃蛋末。丹荖鹹魚雞丁炒飯將鹹魚和雞肉切碎後與白飯拌炒，特殊的香料讓整體滋味層次豐富，非常涮嘴！

養生茴香為店家的特殊口味水餃，具有獨特的嗆香味，非常特別，不過茴香味濃，吃多了會覺得稍膩喔！

07 北區

沁涼消暑古早味

石家 阿美綠豆湯

臺南的綠豆湯很有名，位於西門路三段的石家阿美綠豆湯就是其一，店名源於第一代老闆夫婦二人的名字，石姓老闆結婚後與老闆娘阿美一起以推車沿街叫賣綠豆湯，後來才有了店面。

不起眼的店面，老招牌稍稍褪去顏色，可見到在地人三三兩兩騎著機車，停靠路邊就坐下喝碗綠豆湯又離開，這就是臺南人的生活日常！

來到石家阿美綠豆湯，可嚐到第一代老闆娘阿美傳承的招牌綠豆湯，混濁的土黃湯色有著綠豆的精華，綠豆顆粒保持完整，眼可見其殼，舌嚐像無殼，整體口感鬆軟，香甜味道中帶些焦香，湯頭本身也不甜膩，實見老店煮綠豆湯的功力之深！

店家的綠豆湯分為有粒／無粒，是否含有配料的意思，無粒的綠豆湯不添加綠豆顆粒和粉角，單純品嚐飽含綠豆精華的豆汁，點購時店家會貼心詢問是否要加粉角喔！

內用為碗裝，外帶為杯裝

Info

石家 阿美綠豆湯

臺南市北區西門路三段 64 號

（06）222-1851

9:30 ～ 21:30，週一店休

搭乘 18 號公車於成功國小站下車，步行 4 分鐘（約 300 公尺）

店家外觀的樸實氛圍

招牌綠豆湯的綠豆顆粒保持完整，口感鬆軟

招牌粉角為店家自製，口感滑潤香Q

Part 4

南區美食小旅行

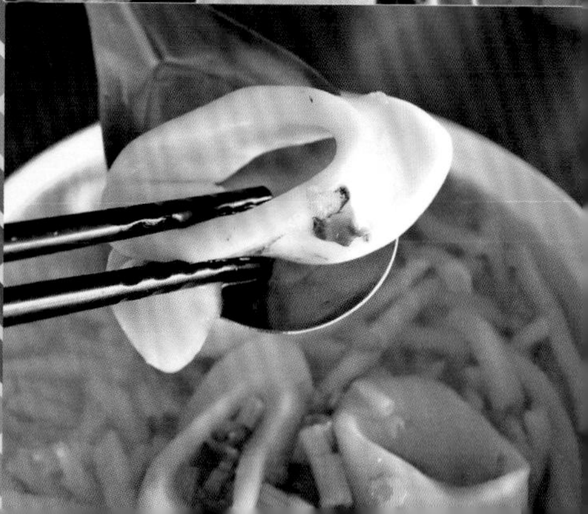

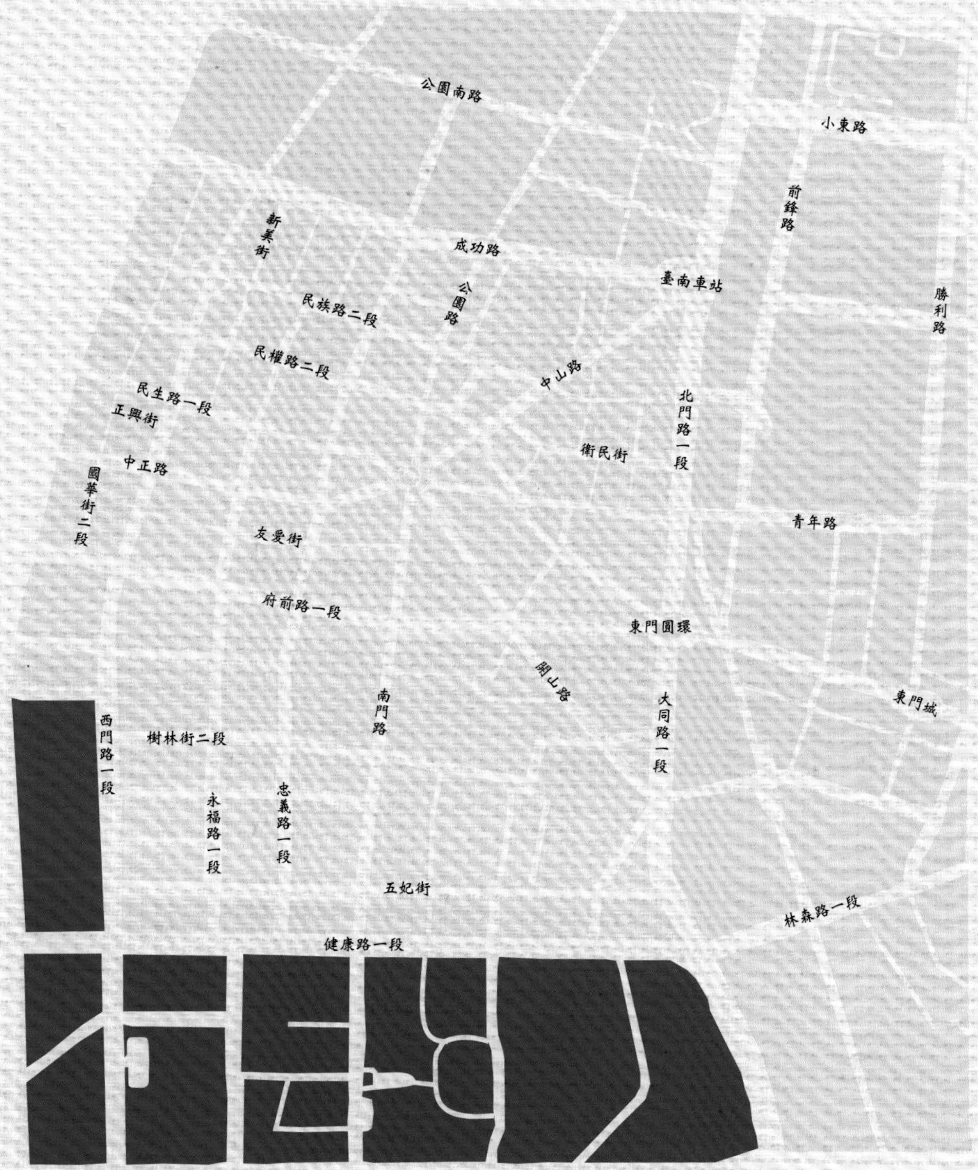
公園南路
小東路
前鋒路
新美街
成功路
臺南車站
公園路
民族路二段
勝利路
民權路二段
中山路
民生路一段
正興街
北門路一段
衛民街
中正路
國華街二段
青年路
友愛街
府前路一段
東門圓環
開山路
南門路
大同路一段
東門城
西門路一段
樹林街二段
永福路一段
忠義路一段
五妃街
林森路一段
健康路一段

01 南區

溫暖手作古早味

大成路 177 巷早餐店

無名早餐店就位於大成路 177 巷內的騎樓下，這隱藏版的平價早餐店沒有招牌，大家就冠用巷弄編號來稱呼它。早餐店是由一對老夫妻共同經營，聽說老阿公和老阿嬤兩人經常拌嘴，非常逗趣！

店家的餐點選項頗多，主打麵糊蛋餅和古早味飯糰，屬於古早味的麵糊蛋餅，使用番薯粉、麵粉、玉米粉調成粉漿，現點現做，餅皮口感較為軟Q，非一般現成餅皮可比擬；古早味飯糰則是以木桶蒸煮糯米，綜合大飯糰裡包了油條、肉鬆、菜脯、酸菜、紅絲、油條……等內餡，豐富又飽足。

來到臺南，不妨走進巷弄內，嚐嚐阿公、阿嬤溫暖手作的古早味，感受府城傳統的早安時刻。

巷弄內的無名早餐店是在地人才知道的秘密店家

Info

大成路 177 巷早餐店

臺南市南區大成路二段 177 巷 51 號

（06）265-2525

6:00 ～ 10:30

搭乘 1 號公車於三官廟站下車，步行 3 分鐘（約 270 公尺）

古早味的麵糊蛋餅現點現做

總匯蛋餅裡放了整根油條，料多澎湃，飽足感加倍

燒肉蛋餅有著手工蛋餅特有的Ｑ彈口感

綜合大飯糰也是店家的招牌人氣早餐

臺式的早餐漢堡

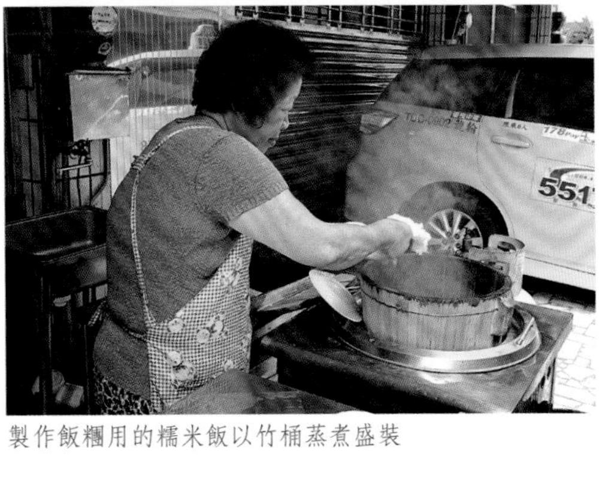

製作飯糰用的糯米飯以竹桶蒸煮盛裝

老臺南人的美好回憶

阿地牛排館

阿地牛排館可說是西餐廳開始在臺南盛行時的前哨店之一，開業至今已有30多年歷史，是許多老臺南人的美好回憶！店家歷經兩次搬遷，其間又有長達數年的商標訴訟，老西餐廳的味道一度消失，經過多方詢問和確認，終於在明興路的現址找到兒時回憶的好味道！

尋找到這裡用餐的多數是二、三十年前的老客人，因為懷念記憶中的那股美味，進到店內，老闆娘親切的笑容依舊，殷勤地招呼著來客，餐點送上桌時也會熱情解說和示範如何分切。懷舊的濃湯滋味，古早味的生菜沙拉，鮮奶油內餡的餐包，菲力牛排一送上桌，熱氣嗆出濃濃白煙，老闆娘立刻過來示範老式西餐的正統牛排切法，五分的熟度切開卻沒血水流出，正是老西餐師傅才有的烹煮功力！

嚐一口多汁的香嫩牛排，品味的是店家當年的光輝歲月，回憶的是孩童時期與父母共進西餐的興奮之情，若你也是個惜情的人，不妨來到這原創的老字號牛排館，在氤氳煙霧中，品嚐那永不凋零的老西餐精神！

美國沙朗牛排肉質軟嫩香甜，蘑菇醬裡有著大片的蘑菇，香嫩多汁，讓人驚艷！

Info

阿地牛排館

- 臺南市南區明興路 62 號
- （06）261-2768
- 11:00 ~ 23:30
- 搭乘 1 號公車於南區區公所站下車，步行 2 分鐘（約 140 公尺）

以透天厝改裝的店家外觀簡樸

霜降豬排的肉塊堆成小山，分量驚人，適合共享

五分熟的菲力牛排切開卻不帶血水，嚐起來軟嫩多汁，是老師傅的獨門廚藝

套餐的濃湯、沙拉和餐包維持創店時的懷舊滋味！

菲力牛排的副餐鐵板麵，店家另外加量盛盤送上，嗆出香氣逼人的煙霧

轟炸雞腿排有著獨特的金黃脆皮，又酥又脆的口感讓人一吃就愛上！

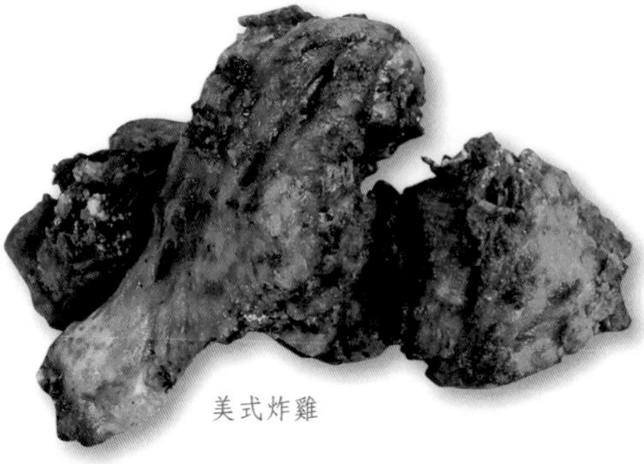

美式炸雞

一吃就上癮
美都麵食

臺南的美食很多都藏在不起眼的巷弄之中，而這家美都麵食也是在地人默默品嚐的口袋美味名單！

店家的特色涼麵選用全麥麵條，咀嚼起來有淡淡的麥香雅韻，搭配香氣濃郁的芝麻醬、滋味酸甜的梅漬蘿蔔、手作泡菜、鳳梨，吃起來非常清爽！更特別的吃法是在涼麵內擠上檸檬汁，天然的檸檬酸香調和了芝麻醬的麻油香，嚐起來更加清爽開胃！

店家除了全麥涼麵，另有意麵、餛飩、水餃、滷菜等多種選擇，都是簡單卻美味的銅板價麵食料理。

樸實的店面是當地的人氣麵店

店狗可愛親人，還會對你微笑討摸喔！

Info

美都麵食

臺南市南區五妃街 384 號

（06）222-0953

9:30 ～ 20:00，週日店休

搭乘 0 右路線公車於夏林路五妃街口站下車，步行 2 分鐘（約 140 公尺）；或紅幹線、1、2、5、11、18、藍 24、綠 17、紅 2 路線公車於臺南站下車，步行 2 分鐘（約 170 公尺）

麻醬麵使用在地製麵廠特製的麵條，口感較有彈性，麵裡的肉片浸泡在肉汁中使其慢慢入味，嚐起來不死鹹

小魚豆干鹹香微辣

自選滷菜：菊花肉＋白豆干＋海帶，滷汁非常夠味！

全麥涼麵清爽開胃

手工製作的大顆水餃外皮Q彈、內餡扎實

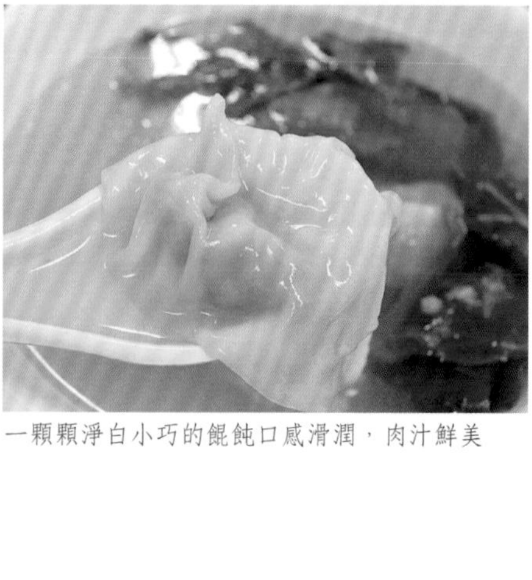

一顆顆淨白小巧的餛飩口感滑潤，肉汁鮮美

04 南區

臺式午茶點心

張家烙餅

在健康路和忠義路口附近的臺南高商圍牆邊，每到下午時段就會有攤車在騎樓擺攤營業，攤家只賣一種商品——烙餅，而且不能加蛋，醬料則有兩種選擇，辣或不辣。簡單的小吃一賣就是30年，是附近的學生們共同擁有的求學回憶。

張家烙餅純手工製作，每天限量備料，一到下午茶時間攤車前就開始聚集排隊人潮，看著老闆娘非常有節奏的彎腰擀麵、煎餅、翻面、起鍋瀝油，女兒則在一旁負責塗抹醬料、包裝、收費，母女倆合作無間！這也是在臺南街頭常可見到的親情互動，賦予美食一股動人的溫暖情感。

烙餅在油鍋裡半煎半炸著滋滋作響，當餅皮由純白漸漸轉為金黃，瀝去多餘油分後抹上一層醬油膏或甜辣醬，口感香酥，吃得到那手擀麵團的溼潤和韌性，這就是在臺南街頭飄香30年的平凡美味！

張家烙餅為騎樓下的攤車，是臺南的超人氣臺式午茶點心

Info

張家烙餅

- 臺南市南區健康路一段357號前
- 0955-452-876
- 週一～五14:30～17:30（售完為止）
- 搭乘0、2、5、5區間、15路線公車於家齊女中站下車，步行1分鐘（約80公尺）

手工製作的烙餅在油鍋裡滋滋作響，香氣誘人

烙餅煎到色澤金黃，趁熱吃口感微酥，簡單卻很美味

05

南區

在地人的口袋店家

施家小卷米粉

小卷米粉也是來到臺南必嚐的在地小吃之一，位於日新溪堤岸旁的施家小卷米粉位置偏遠，一般遊客不會特意前往，卻是在地人的口袋店家！

來自高雄興達港的小卷每天直送到店家，新鮮度掛保證，小卷米粉的湯頭集合小卷的精華，喝一口充滿天然的鮮甜滋味，湯色清澈卻很夠味；小卷厚度十足，口感鮮脆富彈性，搭配久煮而不爛的特製粗米粉，就是臺南的招牌小吃！

店家只賣小卷米粉、小卷湯、米粉湯

施家小卷米粉位於日新溪的堤岸旁

Info

施家小卷米粉

臺南市南區中華西路一段 2 巷 5 號

（06）263-1721

9:30 ～售完為止，週一店休

搭乘 6 號公車於永華國小站下車，步行 2 分鐘（約 150 公尺）

高雄興達港直送的新鮮小卷

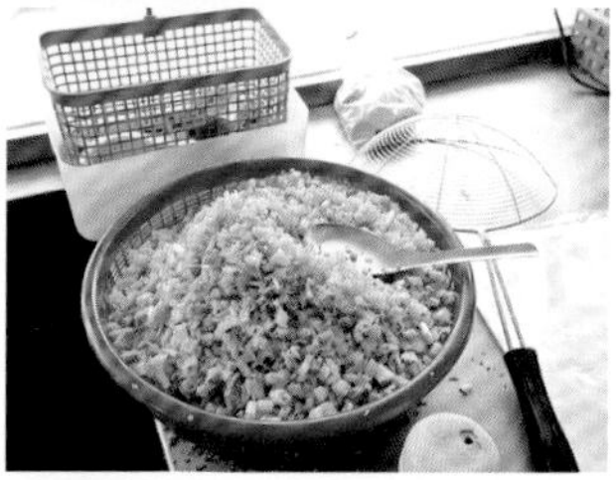

湯頭集結小卷的精華，加些芹菜末香氣更濃郁

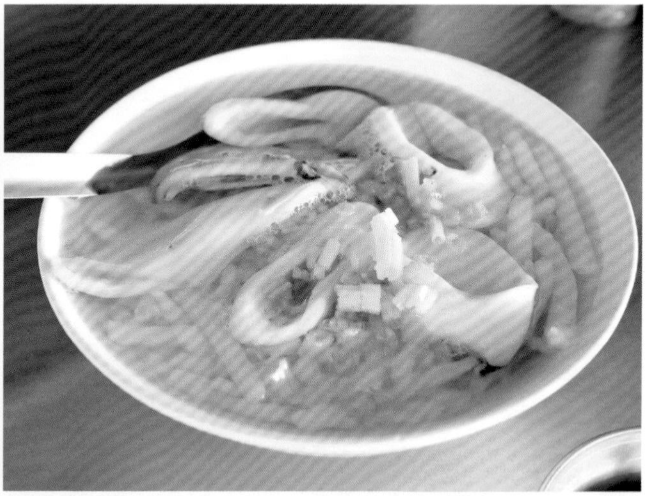

小卷彈脆且鮮甜，特製粗米粉有著淡雅米香

小卷湯有著滿滿的Q彈小卷，搭配店家特製沾醬別有一番風味

禁止進入

Part 5

府城特色旅宿

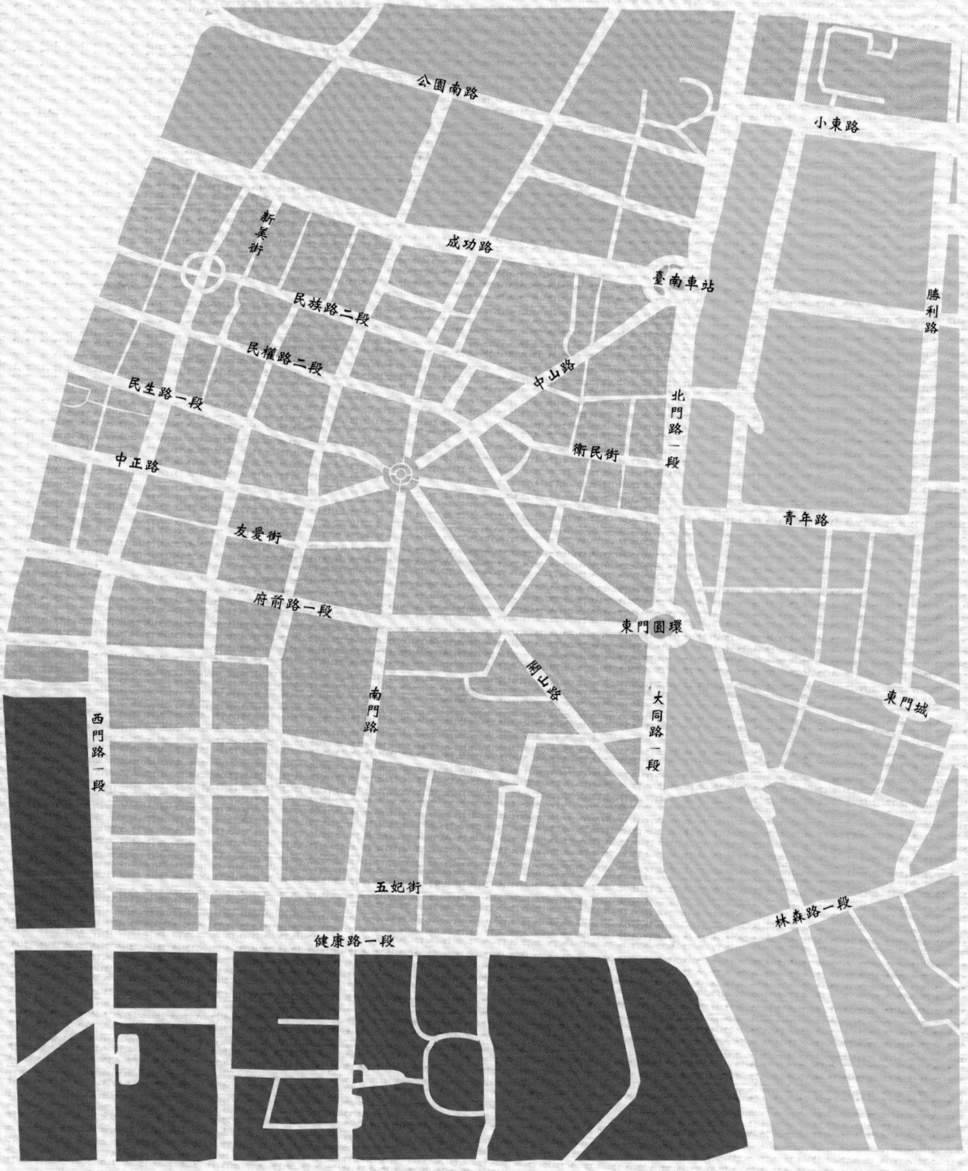

公園南路
小東路
新美街
成功路
臺南車站
勝利路
民族路二段
民權路二段
中山路
民生路一段
北門路一段
衛民街
中正路
青年路
友愛街
府前路一段
東門圓環
開山路
大同路一段
東門城
南門路
西門路一段
五妃街
林森路一段
健康路一段

中西區和風洋宅
一緒二咖啡

一緒二咖啡民宿位於五條港文化園區內，距離臺南正夯的海安商圈、正興商圈很近，皆可步行到達。有著濃濃和風氛圍的老式洋房建造於民國58年，是戰後第一代本土建築師的作品，整棟建築一、二樓都可見日式庭院造景，房屋前後皆有迴廊，50年歷史的白色洋房老屋亦是成大建築系師生重要的研究素材呢！

民宿外觀和庭院

Info

一緒二咖啡（Café IsShoNi）

臺南市中西區康樂街 160 號
（06）221-6813
平日 9:00 ～ 16:00，週末 9:00 ～ 18:00，週二店休
搭乘 99、99 區間路線公車於接官亭站下車，步行 1 分鐘（約 100 公尺）

咖啡店和民宿有各自的入口

咖啡店入口擺放著老闆收藏的骨董機車

藝術展間歡迎遊客入內參觀拍照

走進民宿，一樓的前方是咖啡店，除了提供房客的早餐，也對外販售早午餐、咖啡和下午茶，其餘則是住宿空間。咖啡店供應美味健康的早午餐，餐點、麵包和醬料都是店家自製，清爽的餐點搭配香醇的咖啡，是臺南的人氣早午餐咖啡店。民宿的部分有多種房型，保留了老屋原有的磚牆、櫸木拼花地板、檜木天花板，搭配老闆精選的國內外家具擺飾，溫暖又舒適的氛圍要住過才能體會！

早午餐內容豐富，除了主菜義式烘蛋，還附藍莓牛奶和熱拿鐵，健康又飽足！

由住客共同完成的彩繪迎賓圖

客廳的留言本記錄著投宿旅客的心情點滴！

民宿二樓舒適的公共空間給人一種家的感覺

民宿提供臺南的旅遊資訊

珍貴的原木老梯為日本師傅純手工榫接，踩踏時還可聽到嘎嘎聲響

一樓的慢活房

慢活房／單人房

雅致的環境，從房內就可欣賞日式庭院之美，舒適的床組，舊式的皮製沙發椅，每間房都有不同的搭配，像是藝術展間一般，衛浴的天花板使用原木建材，可聞到淡淡的木頭香味，古銅淋浴花灑看起來質感加倍，洗手檯則是以老木櫃改造而成，創意十足！

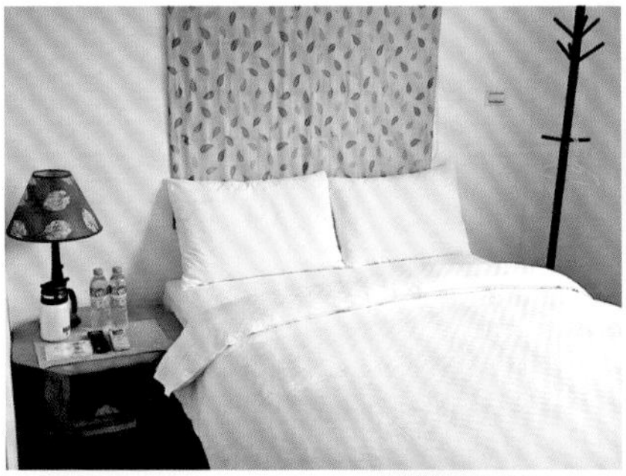

單人房

舒活房

部分房間有著對外的私人陽臺，可以享受庭院的綠意和臺南的暖陽，藤製骨董椅搭配碎花布抱枕很有古意，浴室的水藍色磁磚搭配工業風燈泡設計風格強烈，裁縫車盥洗檯則是老闆自己動手改裝，少見的櫸木拼花地板踩踏起來格外有老屋的溫度。

舒活房

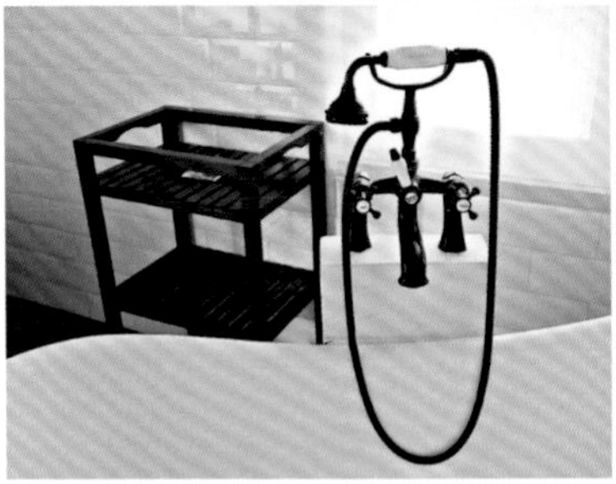

樂活房

牆面有隻由香港插畫家彩繪的大鯨魚，裡頭藏著多種動物和 IsShoNi 的字樣，床鋪上有著歡迎小卡，一式兩份的紀念明信片，是非常受歡迎的小禮物，浴室備有個人泡澡缸，蛋型設計極具品味，一旁的水龍頭很有異國風情，加上別具巧思的彩繪，饒富趣味。

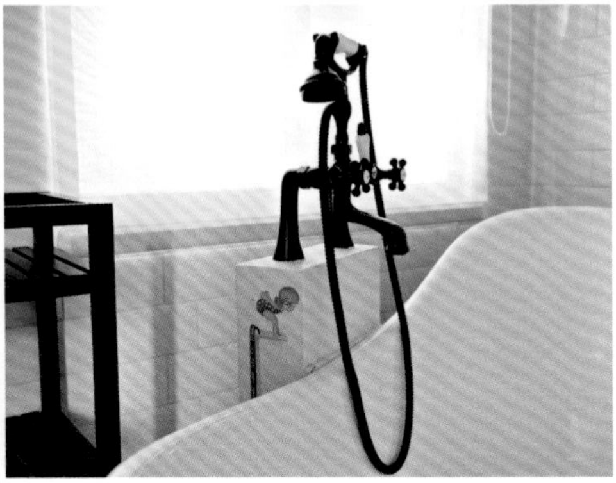

樂活房

既是民宿也是咖啡店

咖啡店的天花板裝飾著 Moooi 的 Dear Ingo 蜘蛛燈，是以色列設計師 Ron Gilad 向燈飾設計大師致敬的作品，造型獨特，店內舒適的座位，整面的書牆，悠閒的氛圍，是在地人私心推薦的午茶好選擇。

中西區百年老屋

窩。好宅

窩。好宅為百年老屋，目前已申請為合法的民宿，從老屋的正門走入，一樓是 Ariselin Design 的插畫工作室，溫馨的鄉村風格，不定期舉辦插畫及設計教學課程喔！民宿很特別的是保留老屋的外觀，內部裝修卻是歐法風格，古今的中西元素意外的融合，相得益彰。老屋舊有的磨石子地板和樓梯令人懷念，記得小時候外婆家的地板也是這模樣！

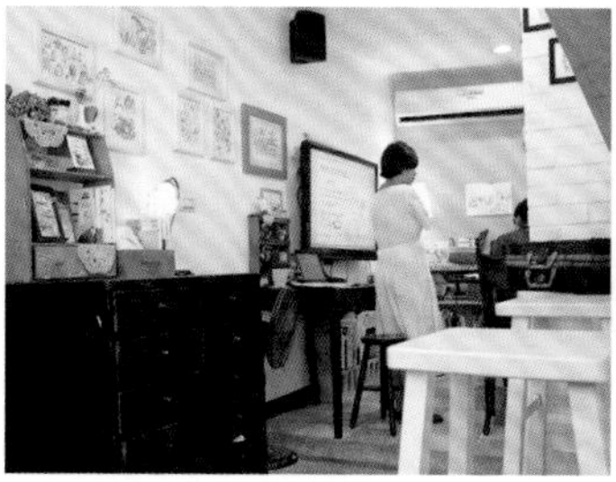

位於一樓的個人插畫工作室

窩。好宅民宿外觀

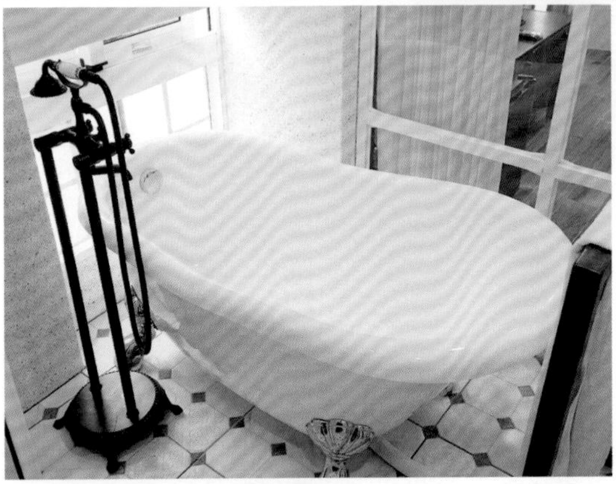

老屋裡吹起現代的鄉村風

古典法式雙人房外的庭院

古典法式雙人房

一樓獨立進出的優雅房型，整體給人一種浪漫又放鬆的感受，推開木頭柵欄，入眼所見的是鄉村小花園，復古的鐵花窗漆上了白色，轉變為現代的典雅風格，一旁的搖搖小鐵馬深受小朋友的喜愛。房間的牆面漆上藍綠色，下方刻意保留一截原始的洗石子牆，時尚的空間裡有著古老的靈魂，浴室裡鋪排著復古的白色地磚，古典的澡缸旁有著高質感的浴巾架，古銅水龍頭是骨董電話的造型呢！

檜木四人房

大通鋪能夠凝聚一家人的情感，這也是老闆想要傳遞的感覺，大大的通鋪空間，滿室的檜木清香，這間房保留了較多的老屋氣息和原始模樣，沒有太多的修飾，呈現老屋原有的迷人風采，最大的特色就是天花板的人字檜木屋架。

檜木四人房的大通鋪

人字檜木屋架

傳統的磨石子樓梯很有懷舊氛圍

復古花磚雙人房

磨石子地板和單人老沙發散發著獨特的老屋魅力，浴室裡有著迷人的復古花磚，古意的模樣中帶些時尚的美感，磨石子砌成的大浴池足夠雙人共浴，一旁還附上老闆精選的日本溫泉粉，來到窩。好宅，泡澡列入必要的體驗行程之一。

充滿古意的復古花磚雙人房

純白色調的浪漫北歐雙人房，簡單不失優雅！

浪漫北歐雙人房

網紅和女孩們指定入住的熱門房型，全室純白色調，舒適的空間洋溢著浪漫氛圍，木條牆面、復古床頭燈、木製搖椅、窗邊的乾燥花、個性小物擺飾，充滿鄉村風格。浴室也非常用心設計，古典的貴妃泡澡缸，一旁還附上入浴劑，入住時絕對要好好泡個澡，徹底放鬆一下！

Info

窩。好宅

臺南市中西區信義街 108 巷 22 號

0982-050-400

搭乘 3 號公車於菱洲宮站下車，步行 1 分鐘（約 85 公尺）

東區日式町屋

小京都—聿晴町

小京都—聿晴町位於不起眼的巷弄內，是間擁有濃濃日式氛圍的民宿，讓你有一秒到京都的錯覺。老闆懷念在京都旅行的那段日子，對日本老屋有股莫名的愛戀與堅持，因著對生命中兩個女人的承諾和守護，將60年的老屋打造成一棟日式町屋。

以女兒命名的聿晴町，是老闆送給寶貝女兒的禮物，出於家人自住的別墅概念，完全不必擔心環境和住宿品質，花費兩年的心力打造，讓60年的老屋搖身一變為京都町屋，只為了成就生命中的夢想，詮釋完美的日式町屋。

從站立在門口的那一刻起，一旁的日式小庭院，潺潺的流水聲，將時空切換到了寧靜的京都庭園，拉開木門，迎面是日本的吉祥物信樂狸，正式踏入日式老屋前，記得先脫掉鞋子，以赤裸的腳踏上溫暖的木質地板，開始一趟小京都老屋之旅。

屋內擺設充滿濃厚的日式氛圍

Info

小京都—聿晴町

臺南市東區東榮街 80 巷

0982-050-400

搭乘紅幹線、3、8085、紅 1、紅 2 路線公車於東門教會站下車，步行 3 分鐘（約 230 公尺）

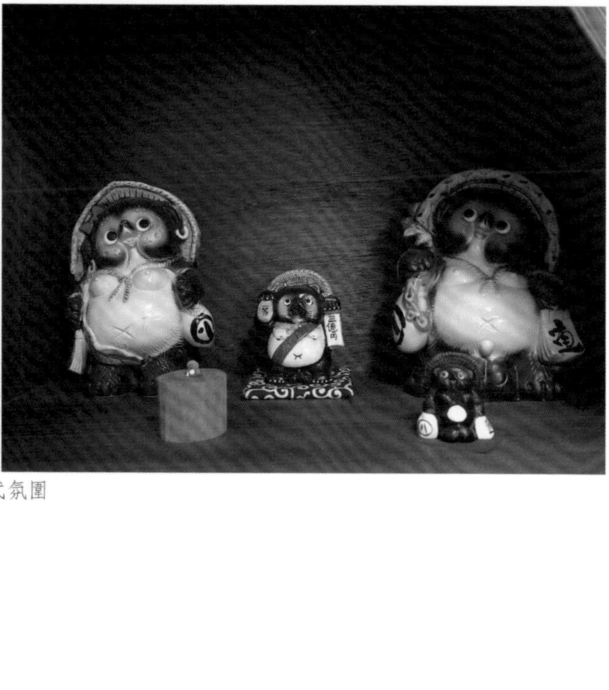

從戶外進到屋內，到處充滿濃厚的日式氛圍

全室皆為日式風格

客廳鋪上了臺南老師傅手工製作的榻榻米，還能聞到那獨特的香氣，原木長桌撫摸起來多了歲月的溫潤，牆壁則是使用來自日本的硅藻土壁紙，走道通往內側的廚房和衛浴空間。

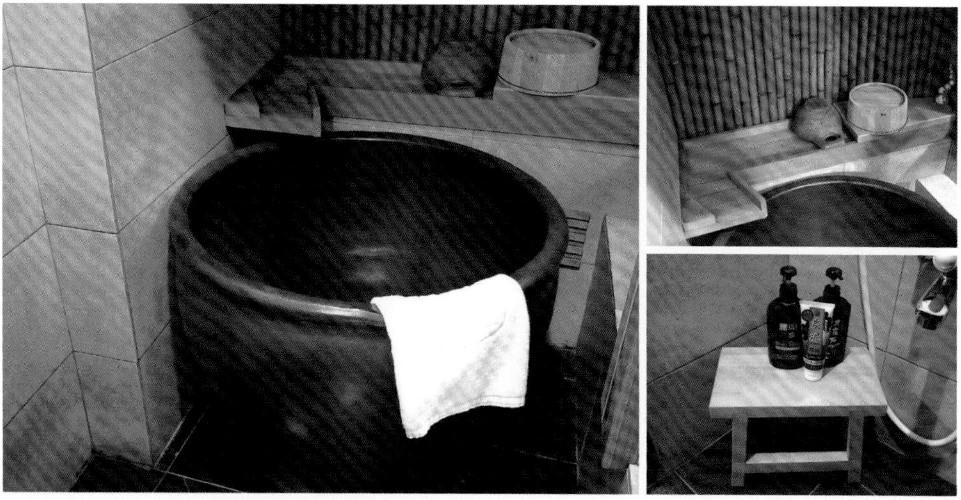

個人風呂使用少見的五右衛門陶缸，旁邊還有檜木引水道，很有日本泡湯的風情！

廁所使用高級的感應式免治馬桶，和風濃厚的手繪吊牌很卡哇伊！

角落可見吹髮神器

熱氣讓浴池周圍的檜木層板散發出更多的香氣，滿室馨香，十分舒爽

通往二樓的樓梯伴隨著歲月的嘎吱聲響

檜木天花板散發出淡雅木香

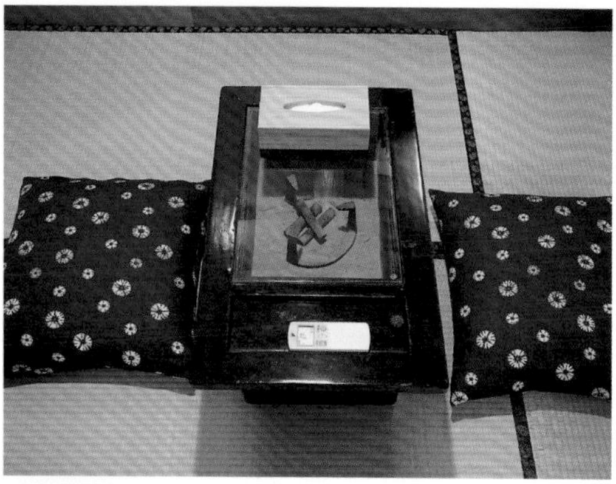

百年火缽

踏上60年的老木梯，走進時光的隧道。榻榻米和室內有著舒適柔軟的日式床墊，拉開木門就是小客廳，擺放著骨董級的家具，百年火缽搖身一變為茶几，沒想到可以走入歷史生活，讓人格外的感動。二樓除了有檜木浴室，還有一臺腿部按摩機呢！

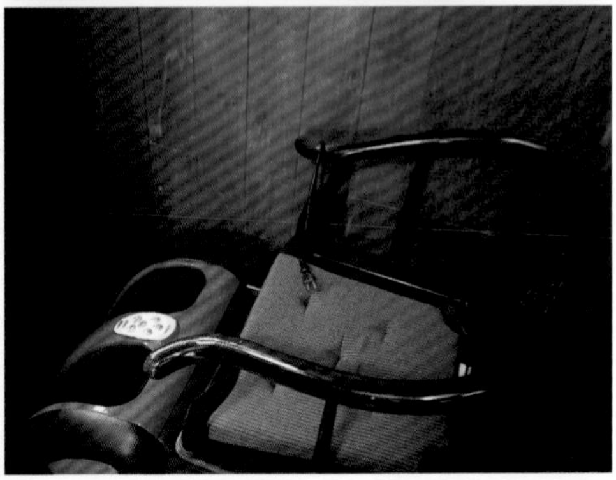

二樓的臥室和茶室

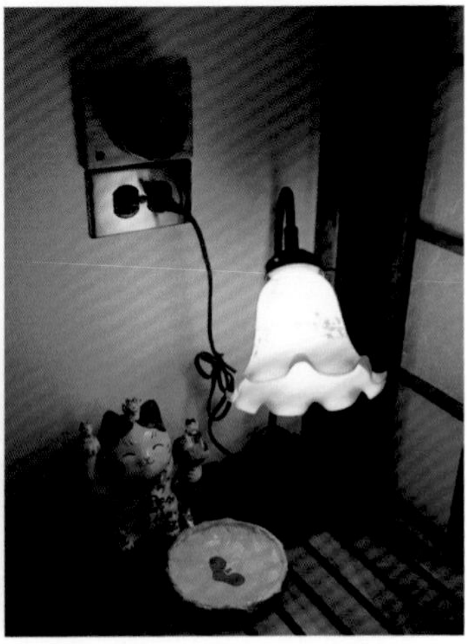

各種和風小物讓整體空間更具日式風情

聿晴町是間需要通過老闆審核才能入住的日式町屋，若是幸運入住，不妨花點時間細細感受這半百老屋內主人的用心布置，享受小京都的幽靜氛圍，還能來一場日本的浴衣體驗唷！

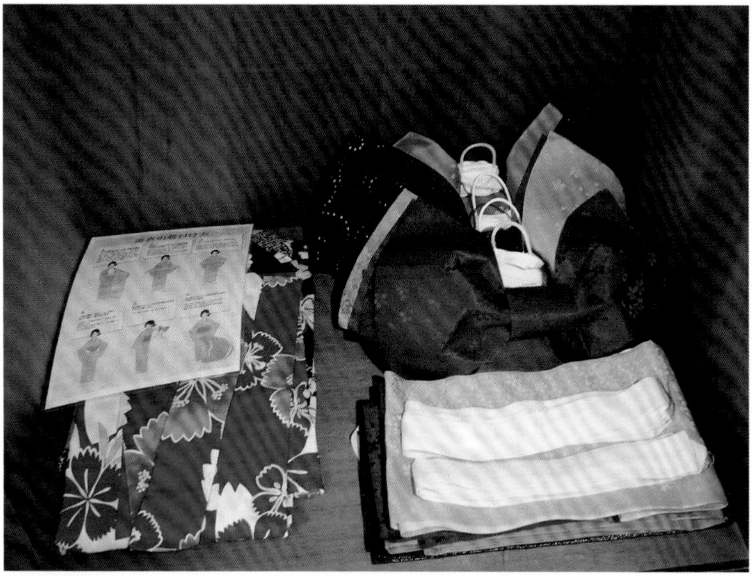

提供免費的日本浴衣體驗

各種和風小物讓整體空間更具日式風情

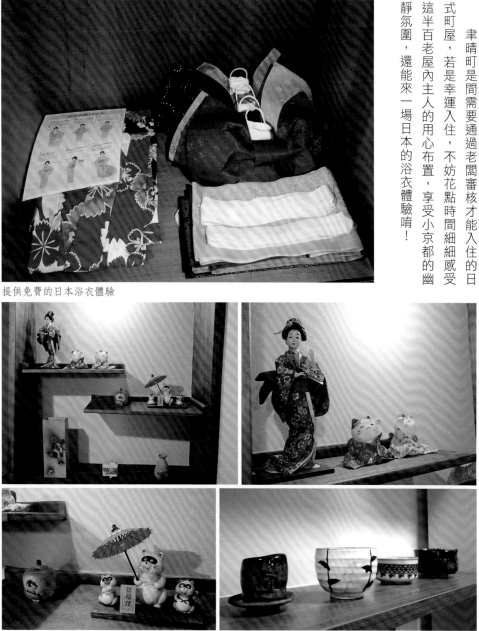

北區老旅店新生命
FUNDI

位在成功路巷弄內的FUNDI，其前身為信南大旅社，藉由兩個土生土長的年輕人攜手合作，發揮創意，透過新設計賦予老旅店新生命，老闆不斷努力追求進步，並取得合法旅館業登記證及旅館業專用標識，讓大家住得更安心。

旅店外觀

FUNDI 以平實的價格提供旅客一個乾淨舒適的住宿環境，旅店的地理位置佳、交通便利，步行至臺南火車站前站、客運站約5～10分鐘的距離，方便旅客前往臺南各景點。

從臺南火車站前站直行成功路，過了公園路後走進右邊的小巷，不久可在左手邊看見大片木門，即為FUNDI。簡潔的大廳擺放著五顏六色的室內拖鞋，顯得非常繽紛，辦好登記手續後就會有小管家帶領你到入住的房間，房內的陳設簡潔清爽，盥洗備品、冷氣、電視、小冰箱、無線網路……，應有盡有，很適合想找一處簡單休息住宿的旅人。

公共區域備有飲用水和臺南旅遊行程推薦，特別的是有張桌子放置了各色各樣的名片，都是老闆嚐過、真心喜愛的美食店家，提供給旅客們客參考。

Info

FUNDI

臺南市北區成功路 68 巷 27 號

0905-809-238

搭乘 18 號公車於大道公廟站下車，步行 2 分鐘（約 130 公尺）；或藍幹線、0、21 號公車於大道公廟站下車，步行 3 分鐘（約 220 公尺）

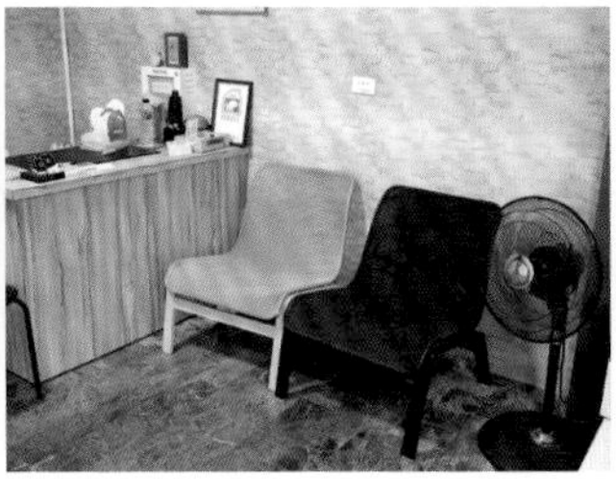

接待大廳

提供臺南旅遊、美食資訊

方迪雙人房有著素色牆面和舒適的白色雙人床，床上擺了娃娃更顯溫馨，部分房間還有復古浴缸！

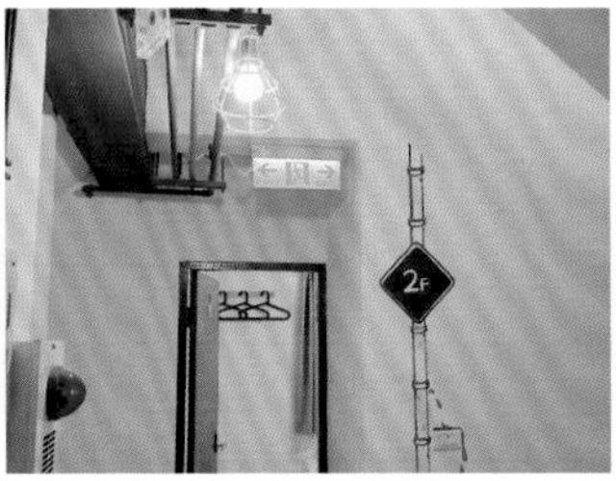

每個樓層的走道設計大同小異，基本上都是工業風

FUNDI 創意古蹟雙人房寬敞明亮，牆上是插畫家手繪的知名景點林百貨，大面開窗的設計讓房間多了暖陽的味道

FUNDI 思念雙人房呈現簡單典雅的氛圍

除了成功路的FUNDI，在小北夜市附近另有方迪文旅，彩繪房型充滿童趣，別具特色。

方迪文旅提供特色彩繪房型，創意彩繪讓簡單的房間更添童趣氣氛，房內同樣備有基本盥洗用品，讓你輕鬆入住

Info

方迪文旅

臺南市北區小北路 27 巷 15 號

0905-809-238

05 特色旅宿

北區設計夢想家

4 Design Inn

4 Design Inn 是位於臺南火車站附近的創意設計民宿，曾獲行腳節目〈愛玩客〉熱情推薦，擁有四種不同風格的設計主題：復古、鄉村、英倫、工業風，每間房都具有獨特的設計和創作理念，老闆對住宿環境和舒適度的堅持，講求每一個細節，可以說每個房間都是一個獨立的創作，各有各的主題，呈現不同的風格和氛圍，這就來看看各種受歡迎的房型吧！

Info

4 Design Inn

- 臺南市北區成功路 96 號附近
- 0982-050-400
- 櫃檯服務 9:00 ～ 20:00
- 搭乘 18 號公車於大道公廟站下車，步行 1 分鐘（約 60 公尺）；或 5、19 號公車於南區健保局站下車，步行 4 分鐘（約 260 公尺）

英式藍調空間

白色的床組有著陽光的味道

溫暖有質感的木製書桌椅

斜倚在牆上的木梯搖身一變為掛衣架

超靜音電冰箱

衛浴有著獨特的設計風格

英式藍調空間

英式鄉村風格的藍白色調搭配，有張舒適的大床，枕頭和棉被給人一種蓬鬆的舒適感，衛浴空間有著漂亮的淺藍色鐵道磚牆，人字鋪木紋磚的地板很有質感，最特別的是馬賽克花紋浴缸，配上拼花鏡框和復古水龍頭，整體呈現就像一幅畫作，住在這裡就像在國外度假一般，愜意又放鬆！

美西牛仔鄉村風

大量木製元素，鹿角造型燈飾，骨董老沙發穩重又典雅，純白牆面搭配深褐色實木地板，整體視覺清爽，衛浴空間寬敞、光線佳，蒂芙尼藍的置物櫃超吸睛，復刻版的蛋形浴缸還附上了泡湯粉，就算只是待在房間內放空，也絕對不虛此行，4 Design Inn 就是擁有這樣的獨特魅力！

大型鹿角燈飾有著不做作的文藝氣息

純白的雙人床看起來舒適又清爽

電視牆面很有美式鄉村味道，角落的復古單人沙發增添了時尚感

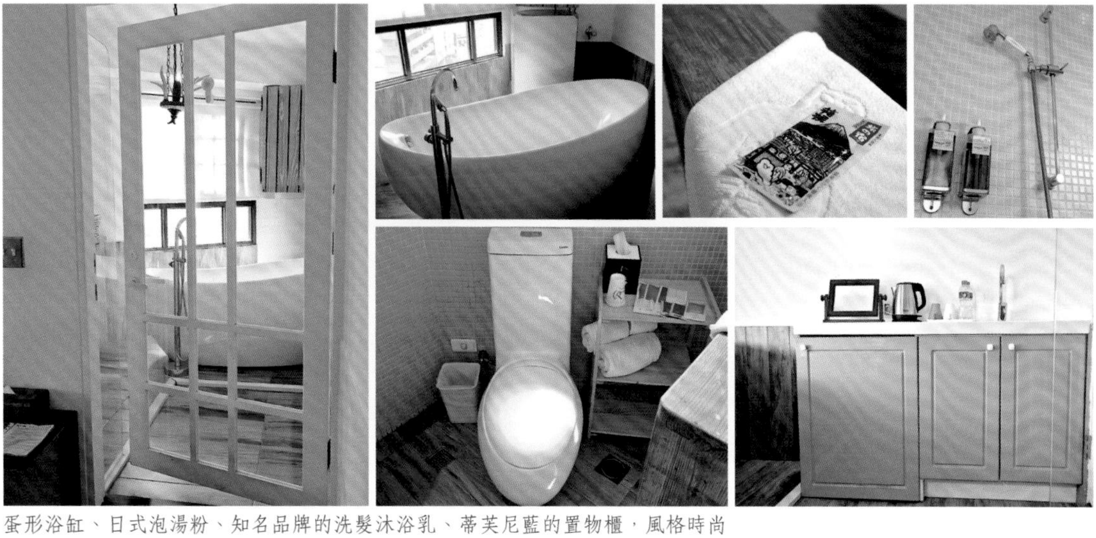
蛋形浴缸、日式泡湯粉、知名品牌的洗髮沐浴乳、蒂芙尼藍的置物櫃，風格時尚

黑色重工業風

粗獷的紅磚牆，深灰色水泥地，刻意外露的金屬管線和溫暖的鎢絲燈，這是一間強烈工業風的個性雙人房，衛浴搭配日式的方形石砌浴池，架上一片檜木板，泡澡時熱氣氤氳，散發出舒服的檜木香。

工業風空間影像集錦

工業風空間影像集錦

純白的北歐鄉村房

客廳的蔚藍沙發搭配木桌，讓人有著想要放空窩上一整天的獨特魅力

白色系讓你完全沒有壓力感

北歐白色鄉村風

一室的純白，白色磚牆、白色木地板、白色床組、白色家具，被稱為女孩的夢幻房型，是很多女孩們甜美外拍的最佳背景。

衛浴空間時尚的黑白搭配，簡單又不失典雅

復刻古典中藥房

入門即可見中藥櫃，上面還擺放著真正的中藥材呢！地板是復刻的紅磚，床組和書桌特別選用古色古香的木製家具，衛浴空間搭配時尚的深藍馬賽克六角磚，古銅蓮蓬頭呈現復古氛圍，小陽臺還有洗衣機可使用，整體舒適又乾淨。

50年代的中藥房風格很受歡迎

質樸的懷舊氛圍

衛浴空間使用深藍馬賽克六角磚搭配紅色地磚

古銅復古風蓮蓬頭

使用當紅的吹風機，不難看出經營者的用心

06 特色旅宿

北區繽紛童趣

Rainbow Island B&B

位於成功路上的Rainbow Island B&B，為價位平實的合法民宿，風格簡潔清爽，加上近臺南火車站前站，地理位置佳，附近交通便利，距離臺南各大熱門景點車程都在10分鐘內，深受背包客、學生、情侶的喜愛！

客房的空間雖然不是很寬敞，但是該有的設備皆有，對外窗和小陽臺、小而巧的衛浴、加大加厚的雙人床、質感木紋桌椅、時尚典藏沙發、超靜音電冰箱、液晶電視、獨立分離式冷氣、無線網路、上山採藥的沐浴用品、瓶裝水，提供旅客一個舒適的住宿環境！

民宿的設計靈感來自威尼斯的布拉諾島（Burano），老闆到小島旅遊時喜歡上那被稱為「彩虹天堂」的繽紛色彩，在門口的玻璃櫥窗內即可見到威尼斯的美麗河景和旅遊帶回來的紀念小物，讓民宿多了些異國的華麗氛圍。不同房型的格局本身大同小異，差別在於家具的搭配和床頭牆面風格獨特的大時鐘裝飾。

民宿的建築外觀繽紛童趣

Info

Rainbow Island B&B（彩虹島民宿）

- 臺南市北區成功路 60 號
- 0982-050-400
- 櫃檯服務 9:00 ～ 20:00
- 搭乘 18 號公車於大道公廟站下車，步行 1 分鐘（約 50 公尺）

彩虹島雙人房

牆面的大時鐘以彩色拖鞋代替數字，臺南老字號雙全昌鞋行所製作的六色夾腳拖值得收藏！純白的床鋪兩旁分別是藍色邊桌與大紅色復古亮皮沙發，大膽的配色迸出了新風格。小巧的浴室則裝飾著色彩繽紛的馬賽克磚，看得出老闆對色彩的瘋狂熱愛！

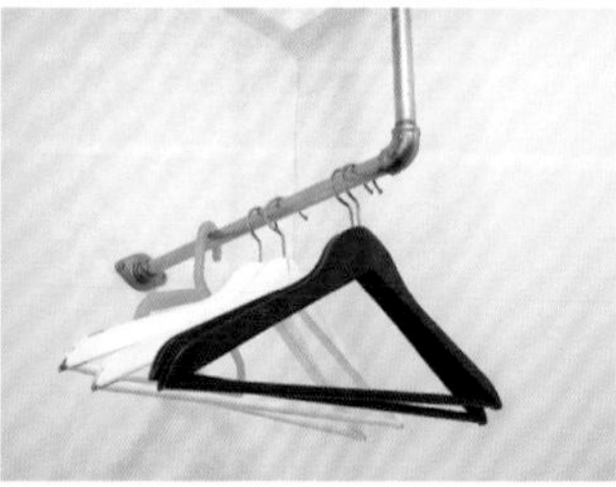

彩虹島雙人房

插畫月曆雙人房

插畫月曆雙人房

以12個月份的插畫裝飾牆面的大時鐘，畫作由老闆的朋友提筆贊助，相同格局的房間呈現迥然不同的風格與氛圍，這房間的吊燈還是古銅色的復古電扇造型呢！讓溫馨的空間增添了一絲工業風氣息。

日式風格四人房

日式風格四人房

全室使用大量的木材，打造出簡單的日式風格，兩張加厚的柔軟雙人床，躺臥起來非常舒適，搭配和式矮桌和彩色軟墊，可以任意在地板玩耍打滾，是一間很適合小家庭或麻吉好友一塊入住的和風房。

日式風格四人房

通往四樓的樓梯間牆上有著可愛的造型燈飾！

北區物超所值
DiDi House

DiDi House 是有小管家為旅客服務的貼心民宿，從現場接待到指引入住房間，還能為你推薦臺南必嚐的美食小吃！

民宿擁有室內機車停放專區，小管家也會為開車的朋友準備汽車停車位，出入使用磁釦管制門禁，擁有三重安全保障，讓人住得安心。民宿備有電梯，不必擔心扛著行李上下樓，電梯旁也都設有飲水機。每個房間的房門都是色彩繽紛，粉紅、粉藍、粉紫、亮黃……，這樣的設計感覺很活潑，房門加上顏色區別也比較容易記憶，不會走錯房。

DiDi House 共有三種房型：雙人、四人、六人房，皆為簡單清爽的陳設布置，共同點是空間非常寬敞，完全沒有擁擠感。部分房間附有浴缸，每晚睡覺前來個舒服的泡澡時光，讓全身徹底放鬆一下吧！誰說泡澡是日本才有的文化呢？

來到臺南輕旅行，挑間在地民宿，感受主人用心的設計和布置，讓自己舒服的休息一晚，隔天又可精神飽滿的遊遍大小景點，攻陷道地美食小吃，輕輕鬆鬆規劃一趟經濟實惠的小旅行。

室內機車停放區

Info

DiDi House

臺南市北區公園路 1074 號

0982-050-400

櫃檯服務 9:00 ～ 20:00

搭乘 9、18 號公車於六甲里站下車，步行 1 分鐘（約 50 公尺）

民宿外觀和接待大廳

四人房型內側的小陽臺還有古典造型的浴缸可以享受泡澡樂！

雙人房型擁有檜木泡澡桶，可聞到檜木的香氣！

簡單的雙人房型小巧素淨，無泡澡設備

DEP'T-STORE
HAYASHI

開啟味蕾冒險的藏寶圖

獨家優惠券

凡持本書至以下店家消費，即可享有書迷獨家優惠

（以單次為限，優惠期限和內容以店家為準）

p.103

佛都愛玉

折價 **10** 元

p.32

艾咖啡 Alfee Coffee

咖啡品項折價 **10** 元

p.25

進福大灣花生糖

零嘴包、禮盒 **9** 折

（限單項產品，不得與其他優惠合併使用）

p.109

茶經 異國紅茶

折價 **10** 元

p.93

美勝珍蜜餞

滿 **500** 送 **50**

p.28

民族鍋燒老店

古早味紅茶 **1** 杯

p.221

4 Design Inn

住宿 9 折

p.205

窩。好宅

住宿 9 折

p.120

八寶彬圓仔惠

9 折

p.229

Rainbow Island B&B

住宿 9 折

p.210

小京都—聿晴町

住宿 9 折

p.138

黑工號嫩仙草

免費升級＋鮮奶

p.234

DiDi House

住宿 9 折

p.218

FUNDI

住宿 9 折

p.198

一緒二咖啡

住宿 9 折

國家圖書館出版品預行編目資料

臺南 享食 慢旅 / 進食的巨鼠文 . 攝影 . -- 初版 .
-- 臺北市 : 華成圖書, 2018.06
面 ; 公分 . --（自主行系列 ; B6203）
ISBN 978-986-192-324-6（平裝）

1. 餐飲業 2. 小吃 3. 旅遊 4. 臺南市

483.8 107005895

自主行系列 B6203

臺南 享食 慢旅

作　　者／進食的巨鼠

出版發行／華杏出版機構
華成圖書出版股份有限公司
www.far-reaching.com.tw
11493台北市內湖區洲子街72號5樓（愛丁堡科技中心）
户　　名　華成圖書出版股份有限公司
郵政劃撥　19590886
e-mail　huacheng@email.farseeing.com.tw
電　　話　02-27975050
傳　　真　02-87972007
華杏網址　www.farseeing.com.tw
e-mail　adm@email.farseeing.com.tw
華成創辦人　郭麗群
發 行 人　蕭聿雯
總 經 理　蕭紹宏

主　　編　王國華
責任編輯　蔡明娟
美術設計　陳秋霞
印務主任　何麗英
法律顧問　蕭雄淋・陳淑貞

定　　價／以封底定價為準
出版印刷／2018年7月初版1刷

總 經 銷／知己圖書股份有限公司
台中市工業區30路1號　電話　04-23595819　傳真　04-23597123

讀者線上回函
您的寶貴意見
華成好書養分